RECHERCHES

SUR LES

HYDRATES DE CARBONE ET LES GLUCOSIDES

DES

GENTIANÉES

PAR

Marc BRIDEL,

PRÉPARATEUR DU COURS DE PHARMACIE GALÉNIQUE A L'ÉCOLE SUPÉRIEURE
DE PHARMACIE DE PARIS,
DOCTEUR DE L'UNIVERSITÉ DE PARIS (PHARMACIE),
DOCTEUR ÈS-SCIENCES,
LAURÉAT DE L'ACADÉMIE DE MÉDECINE.

LONS-LE-SAUNIER
IMPRIMERIE ET LITHOGRAPHIE LUCIEN DECLUME

1913

RECHERCHES

SUR LES

HYDRATES DE CARBONE ET LES GLUCOSIDES

DES

GENTIANÉES

PAR

Marc BRIDEL,

PRÉPARATEUR DU COURS DE PHARMACIE GALÉNIQUE A L'ÉCOLE SUPÉRIEURE
DE PHARMACIE DE PARIS,
DOCTEUR DE L'UNIVERSITÉ DE PARIS (PHARMACIE),
DOCTEUR ÈS-SCIENCES,
LAURÉAT DE L'ACADÉMIE DE MÉDECINE.

LONS-LE-SAUNIER
IMPRIMERIE ET LITHOGRAPHIE LUCIEN DECLUME

1913

A MONSIEUR LE PROFESSEUR EM. BOURQUELOT,

Hommage de respect et de reconnaissance.

INTRODUCTION.

En 1901, M. Bourquelot a imaginé une méthode de recherche des hydrates de carbone hydrolysables par l'invertine et des glucosides hydrolysables par l'émulsine. Cette méthode est basée sur ce que la propriété que possèdent ces ferments solubles d'hydrolyser des sucres et des glucosides, en solution aqueuse, est spécifique à chacun d'eux. Les ferments provenant des êtres vivants et leurs réactions étant des réactions d'ordre chimique, on a donné à la méthode de M. Bourquelot le nom de *méthode biochimique*.

Cette méthode, employée depuis une douzaine d'années, a permis de découvrir un certain nombre de glucosides et de sucres nouveaux. C'est ce que je rappellerai brièvement au commencement de ce travail qui, lui, est une application de la méthode biochimique aux seules plantes de la famille des Gentianées.

Je me suis attaché à traiter le plus grand nombre des plantes indigènes de cette famille, et si j'ai fait quelques omissions, elles sont volontaires ou forcées. C'est ainsi qu'on ne trouvera pas ici l'étude de la Petite Centaurée (*Erythrœa Centaurium* Pers.). Quand j'ai commencé mon travail, MM. Hérissey et Bourdier avaient déjà étudié cette plante, et y avaient découvert, par l'application de la même méthode, un nouveau glucoside qu'ils avaient obtenu à l'état cristallisé, l'*Erytaurine*. Il n'y avait donc pas lieu de reprendre l'étude de cette plante.

D'un autre côté, je n'ai pu me procurer les espèces du genre *Cicendia*, espèces très petites, et qu'on ne rencontre pas en quantité suffisante pour permettre même un essai biochimique. Il m'a été également impossible d'étudier un certain nombre d'espèces du genre *Gentiana*: *G. bavarica* L., *G. verna* L., *G. ciliata* L., *G. utriculosa* L., que je n'ai pas réussi à rencontrer au cours des excursions que j'ai faites dans les prairies alpines, et pendant lesquelles j'ai recueilli, pour les étudier, 8 espèces de Gentianées.

Toutes les fois que cela m'a été possible, j'ai étudié séparément les tiges foliées d'une part, et les racines d'autre part. Il en a été ainsi pour les *Gentiana lutea* L., *asclepiadea* L., *cruciata* L., *Pneumonanthe* L., *germanica* Willd., *Chlora perfoliata* L., *Menyanthes trifoliata* L. Pour le *G. punctata* L., on trouvera également l'essai biochimique des graines, que j'ai récoltées moi-même. Pour l'étude de chaque plante, qui fera l'objet d'un chapitre séparé, j'ai donné un ou deux essais biochimiques, l'examen de ces essais et les méthodes d'extraction des principes immédiats. Dans le but de simplifier l'exposition, on ne trouvera pas dans ce chapitre l'exposé des variations que peuvent subir, dans chaque plante, les principes immédiats au cours de la végétation d'une année. Je l'ai reporté dans la dernière partie qui y est entièrement consacrée.

En dehors du chapitre premier, qui est un résumé de la méthode biochimique et des résultats obtenus antérieurement par l'application de cette méthode, mon travail est divisé en quatre parties.

La Première Partie comporte uniquement l'étude des différentes espèces du genre *Gentiana*.

Dans la Deuxième Partie, j'ai rangé les espèces des autres genres, desquels j'ai retiré la gentiopicrine, glucoside de la Gentiane jaune.

La Troisième Partie est consacrée à l'étude des deux Gentianées aquatiques : *Menyanthes trifoliata* L. et *Limnanthemum Nymphoides* Hoffms. et Link.

Enfin, la Quatrième Partie est réservée à l'étude des variations que peuvent subir les principes immédiats au cours de la végétation d'une année.

La Première Partie est divisée en 9 chapitres :

Dans le Chapitre Premier, on trouvera d'abord l'historique et les travaux antérieurs qui ont porté sur la composition de la racine de Gentiane jaune et sur les propriétés des principes immédiats isolés de cette racine, principes que l'on rencontrera fréquemment au cours de ce travail : gentiopicrine, gentianose et gentiobiose. La dernière partie du chapitre est consacrée à l'essai biochimique des racines et à l'étude des tiges foliées de la Gentiane jaune.

Chapitre II. — *Gentiana asclepiadea* L., racines et tiges foliées.

— III. — *Gentiana cruciata* L., racines et tiges foliées.

— IV. — *Gentiana Pneumonanthe* L., racines et tiges foliées.

— V. — *Gentiana punctata* L., racines et graines.

— VI. — *Gentiana germanica* Willd., racines et tiges foliées.

— VII. — *Gentiana purpurea* L., racines.

— VIII. — *Gentiana acaulis* L., plante entière.

Au cours de mes recherches sur cette dernière Gentiane, j'ai découvert un glucoside nouveau, la *gentiacauline*, dont on trouvera l'étude à la fin de ce chapitre.

Le Chapitre IX est réservé à trois petites Gentianes : *Gentiana nivalis* L., *Gentiana campestris* L., *Gentiana tenella* Rottbel.

Enfin, deux tableaux résument les résultats de ces essais.

La Deuxième Partie est divisée en deux chapitres, dont le premier comporte l'étude du *Chlora perfoliata* L., racines et tiges foliées, et le second celle du *Swertia perennis* L., tiges foliées.

La Troisième Partie renferme deux chapitres dont le premier est réservé au *Menyanthes trifoliata* L.

On trouvera d'abord l'exposé des recherches qui ont été faites antérieurement sur le Trèfle d'eau et des essais biochimiques effectués sur la plante entière, sur les feuilles et sur les rhizômes séparément. Vient, ensuite, l'étude de la *méliatine*, glucoside nouveau que j'ai découvert dans le Trèfle d'eau.

Dans le Chapitre II, on traitera du *Limnanthemum Nymphoides* Hoffms. et Link.

La Quatrième Partie est divisée en deux chapitres.

J'ai choisi, pour étudier les variations dans la composition au cours de la végétation, deux Gentianées que j'ai analysées dans ce travail et qui ne renferment pas le même glucoside.

Dans le Chapitre Premier, on trouvera l'étude de la racine de *Gentiana lutea* L., et, dans le Chapitre II, celle du *Menyanthes trifoliata* L., plante entière.

Enfin, un dernier chapitre est réservé aux conclusions.

Dans tous les essais biochimiques effectués au cours de ce travail, j'ai eu recours, pour doser le sucre réducteur, à un procédé de dosage indirect dont le principe a été donné par Mohr, en 1873. En 1906, M. G. Bertrand (1) a précisé les détails techniques de cette méthode et publié des tables indiquant, de milligramme en milligramme, les quantités des principaux sucres réducteurs correspondant aux poids

(1) G. Bertrand. — Le dosage des sucres réducteurs. (*Bull. Soc. Chim.*, (3), XXXV, p. 1287, 1906).

de cuivre trouvés. En suivant exactement la technique de M. G. Bertrand, cette méthode donne des résultats d'une grande précision, et n'est d'ailleurs guère plus longue que le procédé ordinaire à la liqueur de Fehling.

Tout mon travail a été accompli dans le laboratoire de M. le Professeur Bourquelot et sur ses conseils. C'est aux côtés de ce Maître bienveillant que, grâce à ses encouragements qui ne me firent jamais défaut un seul instant, j'ai pris le goût des recherches scientifiques. Qu'il veuille bien permettre à son élève de lui exprimer ici sa respectueuse reconnaissance et son profond attachement.

Je dois remercier aussi M. le Professeur agrégé Hérissey, dont j'ai pu apprécier bien souvent les conseils sûrs et éclairés, et mon ami H. Leroux, pharmacien des hôpitaux, qui m'a initié au maniement de son appareil électrique de combustion, appareil à la fois si rapide et si précis.

Je suis heureux de pouvoir adresser mes meilleurs remerciements à mes excellents confrères, M. Dufour, de Gérardmer, et M. Disdier, de Grenoble, pour les plantes qu'ils ont bien voulu m'adresser avec tant d'empressement, et Mademoiselle A. Fichtenholz, pour l'aide qu'elle m'a toujours apporté si amicalement dans les traductions nécessaires à toute recherche bibliographique.

Je regarde enfin comme un devoir bien doux d'exprimer, ici, à mon père, tout mon amour filial, car j'ai mis bien souvent à contribution, sans compter, sa connaissance approfondie de la flore du Loir-et-Cher et de l'Indre-et-Loire. C'est grâce à lui que j'ai pu trouver, notamment, une station importante de Trèfle d'eau, où j'ai récolté près de cent kilogrammes de cette plante, qu'il a été possible de traiter vingt-quatre heures à peine après leur récolte.

LA MÉTHODE BIOCHIMIQUE.

Parmi les ferments solubles hydratants, les uns n'exercent leur action que sur un seul composé, les autres, au contraire, agissent sur un nombre plus ou moins grand de principes immédiats, mais qui sont tous reliés par des propriétés communes assez étroites. En un mot, chaque ferment soluble hydratant est spécifique d'un composé ou d'une série de composés.

La méthode biochimique de recherche des sucres et des glucosides s'appuie précisément sur cette propriété spécifique qui permet de reconnaître un principe immédiat ou une classe de principes immédiats par l'action hydrolysante d'un ferment bien déterminé (1). Elle utilise deux ferments, l'*invertine*, ferment spécifique du saccharose libre ou combiné, et l'*émulsine*, ferment spécifique d'un certain nombre de glucosides renfermant tous dans leur molécule le glucose-d.

L'invertine est un ferment qu'on peut obtenir, sous forme de poudre, *sans mélange d'autres ferments*, en tuant, par l'alcool fort, la levure des boulangers ou levure haute, fraîche, suivant le procédé indiqué par M. BOURQUELOT (2).

(1) Em. BOURQUELOT. — Recherche, dans les végétaux, du sucre de canne à l'aide de l'invertine et des glucosides à l'aide de l'émulsine. (*C.R. Acad. des Sciences.* CXXXIII, p. 690, 1901). (*Journ. de Pharm. et de Chim.*, (6), XIV, p. 481, 1901).

Em. BOURQUELOT. — Sur la recherche, dans les végétaux, des glucosides hydrolysables par l'émulsine. (*Journ. de Pharm. et de Chim.* (6) XXIII, p. 369, 1906).

(2) Em. BOURQUELOT. — Sur l'emploi des enzymes comme réactifs dans les laboratoires. II—hydratases. (*Journ. de Pharm. et de Chim.*, (6), XXV, p. 16, p. 378, 1907).

Le choix de la levure n'est pas sans importance. E. FISCHER a montré que la levure séchée à l'air possède la propriété de dédoubler l'amygdaline en glucose-d et en amygdonitrileglucoside ; elle renferme, dans ce cas, le ferment que l'on désigne sous le nom d'*amygdalase*. Si on emploie dans la préparation de l'invertine une levure vieille d'une semaine ou plus, cette levure renfermera des traces d'amygdalase qui pourront troubler les résultats dans le cas de l'essai d'une plante renfermant saccharose et amygdaline.

Il faut donc avoir recours à de la levure *bien fraîche* qui donnera une invertine inactive sur l'amygdaline (1).

L'émulsine, préparée, avec des amandes douces, d'après le procédé donné par M. HÉRISSEY (2), est un mélange de plusieurs ferments, dans lequel se trouve en proportion plus grande que les autres l'émulsine proprement dite, c'est-à-dire le ferment qui hydrolyse les glucosides. On y a signalé, en outre, la lactase, la gentiobiase (3), la mélibiase et la manninotriase (4), ferments hydrolysant respectivement le lactose, le gentiobiose, le mélibiose, le manninotriose.

Pour employer ces deux ferments, invertine et émulsine, il faut les faire agir successivement sur un extrait liquide, aqueux, préparé de la façon suivante :

La plante à essayer doit être traitée fraîche, la dessiccation pouvant modifier sa composition. On divise grossièrement deux à trois cents grammes du végétal et l'on fait tomber les fragments au fur et à mesure dans de

(1) Em. BOURQUELOT et H. HÉRISSEY. — Du choix de la levure dans l'application des procédés biochimiques à la recherche des sucres et des glucosides. (*Journ. de Pharm. et de Chim.*, (7), VI, p. 246, 1912).

(2) H. HÉRISSEY. — Recherches sur l'émulsine. (*Thèse Doct. Univ.* (Pharmacie), Paris 1899).

(3) Em. BOURQUELOT et H. HÉRISSEY. — *C. R. Soc. de Biologie*, p. 213, 1903.

(4) J. VINTILESCO. — Etude de l'action des ferments sur le stachyose (*Journ. de Pharm. et de Chim.*, (6), XXX, p. 167, 1909).

l'alcool à 90^{c} bouillant qu'on a additionné, au préalable, d'une petite quantité de carbonate de calcium. L'emploi de l'alcool bouillant a pour but de tuer les ferments qui existent dans les végétaux et qui pourraient, sans cette précaution, hydrolyser ultérieurement les sucres et les glucosides. C'est dans un alcool de titre voisin de 60^{c} que cette destruction se fait le mieux (1), et on arrive ici précisément à ce titre, l'eau contenue dans les tissus végétaux diluant l'alcool à 90^{c}.

L'addition de carbonate de calcium est nécessaire pour saturer les acides organiques qui pourraient amener le dédoublement de certains principes glucosidiques ou sucrés.

En faisant tomber les fragments dans l'alcool bouillant, on a soin de ne pas interrompre l'ébullition du liquide. Quand cette opération est terminée, on relie le ballon à un réfrigérant à reflux et on continue l'ébullition pendant 20 minutes. On laisse alors refroidir ; après refroidissement, on broie la plante et on lui fait subir un deuxième traitement à l'alcool bouillant, de façon à l'épuiser complètement.

On exprime à la presse, on filtre et on distille l'alcool au bain-marie.

Le résidu aqueux est filtré après refroidissement, et distillé à sec, sous pression réduite. On reprend l'extrait, à chaud, par de l'eau thymolée, on laisse refroidir et on filtre. On complète alors le volume avec de l'eau thymolée de façon que 100 cm^3 de liquide obtenu correspondent à 100 grammes du végétal essayé.

On défèque 20 cm^3 du liquide au sous-acétate de plomb ;

(1) Em. Bourquelot et M. Bridel. — Sur la température de destruction de l'émulsine dans des alcools de différents titres. (*Journ. de Pharm. et de Chim.*, (7), VII, p. 27, 1913).

Sur la résistance, à l'action de la chaleur, de l'émulsine en contact avec les alcools forts. (*Ibid.*, (7), VII, p. 65, 1913).

on en fait l'examen polarimétrique et on y dose le sucre réducteur.

Au reste du liquide, on ajoute de l'invertine dans la proportion de 0 gr.,50 pour 100 cm^3 et on porte à l'étuve à + 30°-35°. On fait tous les jours, après défécation de 20 cm^3 au sous-acétate de plomb, l'examen polarimétrique et le dosage du sucre réducteur. Quand on a obtenu, deux jours de suite, les mêmes chiffres, ce qui arrive généralement en 3 ou 4 jours, l'action du ferment est terminée.

La plante contient-elle du saccharose ou un autre sucre renfermant du lévulose uni au glucose, on constate un *recul* de la déviation vers la gauche et une augmentation de sucre réducteur.

Si le sucre hydrolysé est du saccharose, les changements optiques observés coïncident avec ceux qu'indique le calcul en considérant le sucre réducteur formé comme étant du sucre interverti.

On peut encore reconnaître si le sucre hydrolysé est du saccharose de la façon suivante :

Avec le recul de la déviation observé sous l'action de l'invertine et le sucre réducteur formé, on calcule à combien de sucre réducteur pour 100 cm^3 correspond un recul de 1° ($l = 2$). C'est l'*indice de réduction enzymolytique*, préconisé par M. Bourquelot pour la diagnose des glucosides, comme on le verra tout à l'heure. L'indice de réduction du saccharose étant 603, si on trouve par le calcul un chiffre voisin de cette valeur, c'est que le sucre hydrolysé est vraisemblablement du saccharose.

Après avoir ainsi constaté que l'action de l'invertine est terminée, on porte le liquide au bain-marie bouillant, en vase clos, pendant 20 minutes, afin de détruire l'invertine. On retire alors le flacon du bain-marie, et on ajoute, après refroidissement, de l'émulsine dans la proportion de 0 gr.,25 pour 100 cm^3 ; on replace le flacon à l'étuve.

Les jours suivants, on renouvelle, après défécation

préalable, l'examen du liquide au polarimètre et le dosage du sucre réducteur. Si on constate un *retour* de la déviation vers la droite, en même temps qu'une augmentation de sucre réducteur, on peut conclure à la présence d'un glucoside lévogyre dérivé du glucose-d. Ce retour est généralement rapide, et l'action de l'émulsine est terminée en 5 ou 6 jours. Cependant, elle peut être retardée pour diverses causes, et j'ai vu des essais à l'émulsine se prolonger pendant près de deux mois ; dans ce cas, il faut alors ajouter de temps en temps 0 gr.,25 d'émulsine au liquide.

Si la plante essayée contient un sucre comme le raffinose, le stachyose, le verbascose, qui renferment du saccharose combiné et ont été, à cause de cela, partiellement hydrolysés par l'invertine, on constate, sous l'action de l'émulsine, un *recul* de la déviation vers la gauche au lieu d'un *retour* vers la droite. Ce recul est dû à l'hydrolyse des polysaccharides nouveaux mis en liberté par l'invertine : mélibiose, etc..., hydrolyse produite par les ferments spéciaux que l'on rencontre dans l'émulsine des amandes.

Si la plante contient en même temps qu'un de ces sucres un glucoside dédoublable par l'émulsine, le sucre n'étant hydrolysé que très lentement, on constate d'abord un *retour* de la déviation vers la droite (hydrolyse du glucoside), puis un *recul* de la déviation vers la gauche (hydrolyse du sucre). On conçoit même que, dans certains cas, le recul et le retour puissent arriver à se compenser : alors, on ne constatera pas de changement de déviation, tandis qu'il y aura augmentation de sucre réducteur. Nous avons rencontré ce cas tout à fait spécial, M. Bourquelot et moi, en étudiant la graine d'*Entada scandens* Benth. (1).

(1) Em. Bourquelot et M. Bridel. — Sur la recherche du raffinose dans les végétaux. Sa présence dans deux graines de Légumineuses : *Erythrina fusca* Lour. et *Entada scandens* Benth. (*Journ. de Pharm. et de Chim.*, (6), XXX, p. 162, 1909).

M. J. VINTILESCO, en essayant le *Jasminum officinale* L., qui renferme un glucoside et du stachyose, a constaté, après une action de vingt-quatre heures un retour de 1°7', et, dans les 10 jours suivants, un recul de 1° (1).

Mais, dans la plupart des cas, le glucoside existe dans les plantes sans être accompagné d'un de ces sucres dont la présence complique le problème.

Quand le glucoside est seul, on a d'utiles indications en établissant le rapport qui existe entre le retour de la déviation vers la droite et la quantité de sucre formé. C'est ce rapport que M. BOURQUELOT appelle *indice de réduction enzymolytique*. L'indice de réduction enzymolytique est le nombre de milligrammes de sucre réducteur formé, dans 100 cm³ de liquide, pour un retour de la déviation vers la droite de 1°, retour observé au tube de 2 décimètres (2).

Cet indice de réduction enzymolytique est une constante caractéristique pour chaque glucoside et permet de reconnaître si on est, dans une plante, en présence d'un glucoside connu ou si ce glucoside y est seul.

Telle est, dans ses grandes lignes, la méthode biochimique à l'invertine et à l'émulsine.

Cependant, on a constaté que, quelquefois, l'action de l'émulsine était empêchée par la grande proportion de matières tanniques que renferment certaines plantes, entre autres la plupart des Ericacées. On est averti de la présence du tanin en trop forte proportion par le précipité que l'on obtient en déféquant l'essai au sous-acétate de plomb. Dans ce cas, on ne peut opérer dans les conditions décrites

(1) J. VINTILESCO. — Recherches biochimiques sur quelques sucres et glucosides. (*Thèse Doct. Sciences*), p. 29, 30, Paris 1910).

(2) Em. BOURQUELOT.— Nouvelle contribution à la méthode biochimique de recherche, dans les végétaux, des glucosides hydrolysables par l'émulsine : son application à l'étude des plantes employées en médecine populaire. (*Journ. de Pharm. et de Chim.*, (7), II, p. 241, 1910).

ci-dessus. Il faut, avant de faire agir les ferments, avoir recours à une défécation partielle du liquide au sous-acétate de plomb. On filtre ensuite, on élimine le plomb par l'hydrogène sulfuré, puis l'acide acétique par distillation, sous pression réduite, sans dépasser la température de 40°. Les conditions opératoires de cette modification à l'application de la méthode ont été étudiées dans tous les détails par Mlle A. FICHTENHOLZ au cours de ses travaux sur la recherche des arbutines dans les végétaux (1).

Instituée en 1901, la méthode biochimique a été le point de départ d'un grand nombre de recherches dont nous allons examiner les résultats. Nous nous occuperons d'abord des hydrates de carbone hydrolysables par l'invertine, puis des glucosides hydrolysables par l'émulsine.

I.— HYDRATES DE CARBONE.

Le saccharose, que l'on n'avait décelé que dans un nombre restreint de plantes, a été retrouvé, par la méthode à l'invertine, on peut dire, partout où on l'a recherché. C'est ainsi que M. M. HARLAY a reconnu sa présence dans tous les organes végétaux souterrains qu'il a essayés (2). D'autres encore l'ont retrouvé dans les feuilles, les tiges, les graines et c'est en s'appuyant sur ces faits que M. BOURQUELOT a été amené à cette conclusion, très intéressante au point de vue physiologique, que le sucre de canne existe dans toutes les plantes phanérogames et dans tous les organes de ces plantes.

(1) A. FICHTENHOLZ. — Recherche de l'arbutine dans les végétaux. (*Journ. de Pharm. et de Chim.*, (6), XXVIII, p. 255, 1908).

A. FICHTENHOLZ.— Application de la méthode biochimique à l'analyse de la Busserole. (*Journ. de Pharm. et de Chim.*, (7), IV, p. 441, 1911).

(2) M. HARLAY. — Le saccharose dans les organes végétaux souterrains (Etude de l'action de l'invertine sur les réserves solubles des parties souterraines des plantes). (*Thèse Doct. Univ.* (Pharmacie), Paris, 1905).

Contrairement à ce qu'on a pu supposer jusqu'ici, il est plus répandu que le glucose lui-même (1).

Le raffinose a été retrouvé dans le *Taxus baccata* L. par MM. H. Hérissey et Ch. Lefebvre (2), et dans les graines de l'*Erythrina fusca* Lour. et de l'*Entada scandens* Benth. par MM. Em. Bourquelot et M. Bridel (3), qui ont précisé les conditions dans lesquelles on pouvait être amené à soupçonner la présence de ce sucre dans les végétaux au cours de l'essai biochimique.

Le stachyose que l'on n'avait retiré que des Crosnes (*Stachys tuberifera* L.) et de la Manne peut être regardé, à l'heure actuelle, comme un sucre très répandu dans le règne végétal. En effet, M. Piault (4) en a retiré à l'état cristallisé d'un grand nombre de plantes de la famille des Labiées; M. Vintilesco (5) l'a extrait des tiges du Jasmin

(1) Em. Bourquelot.— Le saccharose dans les végétaux. (*Bull. Soc. Hist. natur. des Ardennes*, X, p. 8, 1903). Voir également : Em. Bourquelot. Le saccharose dans les végétaux. (*Journ. de Pharm. et de Chim.*, (6), XVIII, p. 241, 1903). — Em. Bourquelot. Sur l'emploi des enzymes comme réactifs dans les laboratoires. II—Hydratases. (*Journ. de Pharm. et de Chim.*, (6), XXV, p. 16, p. 378, 1907).

(2) H. Hérissey et Ch. Lefebvre.— Sur la présence du raffinose dans le *Taxus baccata* L. (*Journ. de Pharm. et de Chim.*, (6), XXVI, p. 56, 1907).

(3) Em. Bourquelot et M. Bridel. — Sur la recherche du raffinose dans les végétaux. Sa présence dans deux graines de Légumineuses : *Erythrina fusca* Lour. et *Entada scandens* Benth. (*Journ. de Pharm. et de Chim.*, (6), XXX, p. 162, 1909).

(4) L. Piault. — Sur la présence dans les parties souterraines du *Lamium album* L. du stachyose (mannéotétrose) et d'un glucoside hydrolysable par l'émulsine. (*Journ. de Pharm. et de Chim.*, (6), XXIX, p. 236, 1909).

L. Piault. — Sur la présence du stachyose dans les parties souterraines de quelques plantes de la famille des Labiées. (*Journ. de Pharm. et de Chim.*, (7), I, p. 248, 1910).

L. Piault. — Sur le stachyose. Sa recherche et sa présence générale dans la famille des Labiées. (*Thèse Doct. Univ.* (Pharmacie), Paris, 1910).

(5) J. Vintilesco. — Sur la présence du stachyose dans le Jasmin blanc (*Jasminum officinale* L.). (*Journ. de Pharm. et de Chim.*, (6), XXIX, p. 336, 1909).

blanc (*Jasminum officinale* L.), et M. KHOURI (1) des parties souterraines de l'*Eremostachys laciniata* L.

Enfin, MM. Em. BOURQUELOT et M. BRIDEL (2), après avoir reconnu que la racine de Bouillon blanc (*Verbascum Thapsus* L.) devait renfermer un sucre encore inconnu, sont parvenus à isoler ce sucre à l'état cristallisé et l'ont nommé « *verbascose* ».

II. — GLUCOSIDES.

La recherche des glucosides par la méthode biochimique a amené la découverte de ces principes dans un très grand nombre de plantes, et, à l'heure actuelle, 12 nouveaux glucosides ont été obtenus, dont dix, à l'état pur et cristallisé.

Ce sont, par ordre chronologique :

L'*aucubine*, en 1901, retirée des graines d'*Aucuba japonica* L, par MM. Em. BOURQUELOT et H. HÉRISSEY (3) ;

La *sambunigrine*, en 1905, retirée des feuilles de *Sambucus nigra* L., par MM. Em. BOURQUELOT et Em. DANJOU (4) ;

(1) J. KHOURI. — Sur la présence du stachyose (mannéotétrose) et d'un glucoside dédoublable par l'émulsine dans les parties souterraines de l'*Eremostachys laciniata* L. (*Journ. de Pharm. et de Chim.*, (7), II, p. 211, 1910).

(2) Em. BOURQUELOT et M. BRIDEL. — Sur un sucre nouveau, le verbascose, retiré de la racine de Bouillon blanc. (*Journ. de Pharm. et de Chim.* (7), II, p. 481, 1910).

(3) Em. BOURQUELOT et H. HÉRISSEY. — Sur un glucoside nouveau, l'*aucubine*, retiré des graines d'*Aucuba japonica* L. (*C. R. Soc. de Biologie*, LIX, p. 695, 1902) ; (*Ann. Chim. et Phys.*, (8), IV, p. 89, 1905).

(4) Em. BOURQUELOT et Em. DANJOU. — Sur la présence d'un glucoside cyanhydrique dans les feuilles de Sureau (*Sambucus nigra* L.). (Séance de la Société de Biologie du 1er juillet 1905; *C. R. Soc. de Biologie*, LIX, p. 18, 1905); (*C. R. Acad. des Sciences*, CXLI, p. 59, 1905).

Sur la présence d'un glucoside cyanhydrique dans le Sureau et sur quelques-uns des principes de cette plante. (*Journ. de Pharm. et de Chim.*, (6), XXII, p. 154, p. 210, 1905).

La *prulaurasine*, en 1905, retirée des feuilles de Laurier cerise (*Prunus laurocerasus* L.) par M. H. Hérissey (1) ;

La *jasmiflorine*, en 1906, retirée des tiges et des feuilles de *Jasminum nudiflorum* L. par M. J. Vintilesco (2) ;

La *taxicatine*, en 1906, retirée du *Taxus baccata* L. par M. Ch. Lefebvre (3) ;

La *bakankosine*, en 1907, retirée des graines de *Strychnos Vacacoua* Baill., par MM. Em. Bourquelot et H. Hérissey (4) ;

Préparation du glucoside cyanhydrique du Sureau à l'état cristallisé. (*Journ. de Pharm. et de Chim.*, (6), XXII, p. 219, 1905).

Sur la sambunigrine, glucoside cyanhydrique nouveau, retiré des feuilles de Sureau noir. (*Journ. de Pharm. et de Chim.*, (6), XXII, p. 385, 1905).

Em. Danjou. — Application des procédés biochimiques à la recherche et au dosage du sucre de canne et des glucosides dans les plantes de la famille des Caprifoliacées. Etude de la sambunigrine. (*Thèse Doct. Univ.* (Pharmacie), Paris, 1906).

(1) H. Hérissey.— Sur la *prulaurasine*, glucoside cristallisé retiré des feuilles de Laurier cerise. (*C. R. Acad. des Sciences*, CXLI, p. 959, 1905) ; (*Journ. de Pharm. et de Chim.*, (6), XXIII, p. 5, 1906).

(2) J. Vintilesco.— Recherches sur les glucosides des Jasminées : syringine et jasmiflorine. (*Journ. de Pharm. et de Chim.*, (6), XXIV, p. 529, 1906).

Recherches sur les glucosides de quelques plantes de la famille des Oléacées. (*Thèse Doct. Univ.* (Pharmacie), Paris, 1906).

Recherches biochimiques sur quelques sucres et glucosides. (*Thèse Doct. Sciences*, Paris, 1910).

(3) Ch. Lefebvre.— La *taxicatine*, glucoside nouveau retiré du *Taxus baccata* L. (*C. R. Soc. de Biologie*, LX, p. 513, 1906) ; (*Journ. de Pharm. et de Chim.*, (6), XXVI, p. 241, 1907).

Application des procédés biochimiques à la recherche et au dosage des sucres et des glucosides dans les plantes de la tribu des Taxinées. Etude de la Taxicatine. (*Thèse Doct. Univ.* (Pharmacie), Paris, 1907).

(4) Em. Bourquelot et H. Hérissey. — Sur un nouveau glucoside hydrolysable par l'émulsine, la *bakankosine*, retiré des graines d'un *Strychnos* de Madagascar. (*Journ. de Pharm. et de Chim.*, (6), XXV, p. 417, 1907).

Nouvelles recherches sur la bakankosine. (*Journ. de Pharm. et de Chim.*, (6), XXVIII, p. 433, 1908).

La *verbénaline*, en 1908, retirée de la Verveine (*Verbena officinalis* L.) par M. L. Bourdier (1) ;

L'*érytaurine*, en 1908, retirée de la Petite Centaurée (*Erythræa Centaurium* Pers.) par MM. H. Hérissey et L. Bourdier (2) ;

L'*oleuropéine*, en 1908, retirée des fruits de l'Olivier (*Olea europæa* L.) par MM. Em. Bourquelot et J. Vintilesco (3) ;

La *méliatine*, en 1910, retirée du Trèfle d'eau (*Menyanthes trifoliata* L.) par M. Marc Bridel (4) ;

L'*arbutine*, en 1910, retirée des feuilles de Poirier par M. Em. Bourquelot et Mlle A. Fichtenholz (5) ;

(1) L. Bourdier. — Sur la verbénaline, glucoside nouveau retiré de la Verveine officinale (*Verbena officinalis* L.). (*Journ. de Pharm. et de Chim.*, (6), XXVII, p. 49, p. 101, 1908).

Recherche biochimique des glucosides dans le Plantain (aucubine) et dans la Verveine (verbénaline). Etude d'un glucoside nouveau : la verbénaline. (*Thèse Doct. Univ.* (Pharmacie), Paris, 1908).

(2) H. Hérissey et L. Bourdier. — Sur un nouveau glucoside hydrolysable par l'émulsine, l'érytaurine, retiré de la Petite Centaurée. (*Journ. de Pharm. et de Chim.*, (6), XXVIII, p. 252, 1908).

(3) Em. Bourquelot et J. Vintilesco. — Sur l'oleuropéine, nouveau principe de nature glucosidique retiré de l'Olivier (*Olea europœa* L.). (*Journ. de Pharm. et de Chim.*, (6), XXVIII, p. 303, 1908).

Sur les variations des proportions d'oleuropéine dans l'olive depuis son apparition jusqu'à sa maturité. (*Journ. de Pharm. et de Chim.*, (7), I, p. 292, 1910).

(4) Marc Bridel. — Note préliminaire sur un nouveau glucoside hydrolysable par l'émulsine, retiré du Trèfle d'eau (*Menyanthes trifoliata* L.). (*Journ. de Pharm. et de Chim.*, (7), II, p. 165, 1910).

Sur la méliatine, glucoside nouveau, retiré du Trèfle d'eau (*Journ. de Pharm. et de Chim.* (7), IV, p. 49, p. 97, p. 161, 1911).

(5) Em. Bourquelot et A. Fichtenholz. — Sur la présence d'un glucoside dans les feuilles de Poirier et sur son extraction. (*Journ. de Pharm. et de Chim.*, (7), III, p. 97, 1910).

Nouvelles recherches sur le glucoside des feuilles de Poirier ; son rôle dans la production des teintes automnales de ces organes. (*Journ. de Pharm. et de Chim.*, (7), III, p. 5, 1911).

Sur le glucoside des feuilles de Poirier. Sa présence dans les feuilles des diverses variétés. Sa recherche dans le tronc et la racine. (*Journ. de Pharm. et de Chim.*, (7), IV, p. 145, p. 198, 1911).

L'*hépatrilobine*, en 1912, retirée de l'Hépatique trilobée (*Hepatica triloba* Chaix) par M. A. DELATTRE (1).

En outre de ces nouveaux principes, on a retrouvé des glucosides déjà connus.

C'est ainsi que M. H. HÉRISSEY a obtenu à l'état cristallisé l'amygdaline des semences d'*Eryobotrya japonica* Lindl. (2) ; la prulaurasine du *Cotoneaster microphylla* Wall. (3) ; et enfin, il a rencontré dans les végétaux l'amygdonitrileglucoside de FISCHER qu'on ne préparait que par hydrolyse partielle de l'amygdaline par un ferment de la levure desséchée à l'air. M. H. HÉRISSEY a retiré l'amygdonitrileglucoside du *Cerasus padus* Delarb. (4) et du *Photinia serrulata* Lindl. (5).

M. J. VINTILESCO a retrouvé la syringine dans les différents organes des Lilas et des Troènes, et a pu, en s'appuyant sur l'indice de réduction de ce glucoside, procéder à son dosage (6).

L'aucubine a été retrouvée par M. L. BOURDIER dans toutes les espèces du genre *Plantago* (7), plantes fort

(1) A. DELATTRE. — Application de la méthode biochimique à l'Hépatique trilobée. — Présence d'un principe dédoublable par l'émulsine. (*Journ. de Pharm. et de Chim.*, (7), IV, p. 292, 1912).

(2) H. HÉRISSEY. — Sur la nature chimique du glucoside cyanhydrique contenu dans les semences d'*Eryobotrya japonica*. (*Journ. de Pharm. et de Chim.*, (6), XXIV, p. 350, 1906).

(3) H. HÉRISSEY. — Sur l'existence de la prulaurasine dans le *Cotoneaster microphylla* Wall. (*Journ. de Pharm. et de Chim.*, (6), XXIV, p. 537, 1906).

(4) H. HÉRISSEY. — Présence de l'amygdonitrile glucoside dans le *Cerasus padus* Delarb. (*Journ. de Pharm. et de Chim.*, (6), XXVI, p. 194, 1907).

(5) H. HÉRISSEY. — Présence de l'amygdonitrile glucoside dans le *Photinia serrulata*. (*Journ. de Pharm. et de Chim.*, (7), V, p. 574, 1912).

(6) J. VINTILESCO. — Recherche et dosage de la syringine dans les différents organes des Lilas et des Troènes. (*Journ. de Pharm. et de Chim.*, (6), XXIV, p. 145, 1906).

(7) L. BOURDIER. — Sur la présence de l'aucubine dans les différentes espèces du genre *Plantago*. (*Journ. de Pharm. et de Chim.*, (6), XXVI, p. 254, 1907).

éloignées, au point de vue botanique, de l'*Aucuba*, et par MM. H. Hérissey et C. Lebas dans plusieurs espèces du genre *Garrya* (1), plantes de la famille des Cornées, comme l'*Aucuba*.

Mlle A. Fichtenholz a reconnu que le glucoside de la Pyrole à feuilles rondes était de l'arbutine mélangée sans doute avec un peu de méthylarbutine (2). C'est encore de l'arbutine qui existe dans les feuilles du *Grevillea robusta* L. (Protéacées) ainsi que l'ont démontré M. Em. Bourquelot et Mlle A. Fichtenholz (3).

En appliquant la méthode biochimique aux feuilles de *Kalmia latifolia* L., les mêmes auteurs ont obtenu un glucoside, non dédoublable par l'émulsine, glucoside identique avec l'asébotine des feuilles d'*Andromeda japonica* Thunb. (4).

Enfin, ainsi qu'on le verra au cours de ce travail, j'ai rencontré la gentiopicrine dans un grand nombre de plantes de la famille des Gentianées.

L'application de la méthode biochimique a fait découvrir des principes glucosidiques dans un très grand nombre de plantes, principes dont l'extraction n'est plus qu'une question de temps. Je citerai parmi les plantes dans lesquelles on a reconnu la présence d'un glucoside sans l'iso-

(1) H. Hérissey et C. Lebas. — Présence de l'aucubine dans plusieurs espèces du genre *Garrya*. (*Journ. de Pharm. et de Chim.*, (7), II, p. 490, 1910).

(2) A. Fichtenholz. — Le glucoside de la Pyrole à feuilles rondes. (*Journ. de Pharm. et de Chim.*, (7), II, p. 193, 1910).

(3) Em. Bourquelot et A. Fichtenholz. — Sur la présence de l'arbutine dans les feuilles de *Grevillea robusta* L. (*Journ. de Pharm. et de Chim.* (7), V, p. 425, 1912).

(4) Em. Bourquelot et A. Fichtenholz. — Application de la méthode biochimique à l'étude des feuilles de *Kalmia latifolia* L. ; obtention d'un glucoside. (*Journ. de Pharm. et de Chim.*, (7), V, p. 49, 1912).

Identification du glucoside des feuilles de *Kalmia latifolia* L. avec l'asébotine. (*Journ de Pharm. et de Chim.*, (7), V, p. 296, 1912).

ler : le *Lamium album* L. (1) ; la Linaire striée (2) (glucoside cyanhydrique) ; l'*Eremostachys laciniata* L. (3) ; deux plantes du genre *Veronica* (4) ; la racine du Bouillon blanc (5) ; le *Viburnum Tinus* L. (6) ; les racines de Cabaret (7) ; etc...

Enfin, grâce encore à cette méthode, on a pu suivre plus facilement les altérations que subissent certaines plantes officinales, soit au cours de leur dessiccation, soit pendant la préparation des formes pharmaceutiques (8).

(1) L. Piault. — *Loc. cit.* (*Journ. de Pharm. et de Chim.*, (6), XXIX, p. 236, 1909).

(2) Em. Bourquelot. — Sur la présence d'un glucoside cyanhydrique dans la Linaire striée (*Linaria striata* L.). (*Journ. de Pharm. et de Chim.*, (6), XXX, p. 385, 1909).

(3) J. Khouri. — Sur la présence d'un principe glucosidique hydrolysable par l'émulsine dans les feuilles et les jeunes ramilles de l'*Eremostachys laciniata* L. (*Journ. de Pharm. et de Chim.*, (7), I, p. 17, 1910).

(4) J. Vintilesco. — Sur l'existence de principes glucosidiques et sur les variations de leurs proportions dans deux espèces du genre *Veronica*. (*Journ. de Pharm. et de Chim*)., (7), I, p. 162, 1910).

(5) M. Harlay.— *Loc. cit.*, p. 87.

(6) Em. Danjou.— *Loc. cit.*, p. 60.

(7) M. Lesueur. — Sur la présence dans les racines sèches de quelques plantes de la famille des Aristolochiées, de saccharose, et, dans les racines de Cabaret, d'un principe dédoublable par l'émulsine. (*Journ. de Pharm. et de Chim.*, (7), III, p. 399, 1911).

(8) M. Lesueur. — Influence du mode de préparation sur la composition et la stabilité des alcoolatures et des teintures. Stérilisation par l'alcool bouillant. (*Thèse Doct. Univ.* (Pharmacie), Paris, 1910).

M. Bridel. — Application de la méthode biochimique à une nouvelle étude des préparations galéniques de la racine de Gentiane.(*Thèse Doct. Univ.* (Pharmacie), Paris, 1911).

PREMIÈRE PARTIE.

CHAPITRE PREMIER.

Gentiane jaune (*Gentiana lutea* L.).

I. — RACINES.

Les racines de la Gentiane jaune (*Gentiana lutea* L.) sont utilisées depuis fort longtemps en médecine, où l'on met à profit leurs propriété amères.

On connaît, à l'heure actuelle, assez bien la composition de la racine de Gentiane, et les travaux sur cette question sont nombreux. Les premières recherches datent du début du siècle dernier, et sont dues à HENRY, en 1819 (1). A la même époque, parut également le travail de GUILLEMIN et FŒCQUEMIN (2).

En 1821, HENRY et CAVENTOU cherchèrent à en isoler le principe amer (3). Ces deux savants s'adressèrent à la racine sèche des pharmacies et ne purent obtenir aucun principe à l'état pur. Leur *gentianin* doit être considéré comme un extrait éthéré de Gentiane.

(1) Examen de la racine de Gentiane. (*Journ. de Pharm. et de Chim.*, (2), V, p. 97, 1819).

(2) Essai d'analyse chimique de la racine de Gentiane. (*Journ. de Pharm. et de Chim.*, (2), V, p. 110, 1819).

(3) Sur le principe qui cause l'amertume dans la racine de Gentiane (*Gentiana lutea*). (*Journ. de Pharm. et de Chim.*, (2), VII, p. 173, 1821).

En 1837, LECONTE (1) reprit l'étude du gentianin et en isola un principe cristallisé, jaune, dépourvu d'amertume, qu'il proposa d'appeler *gentisin.*

Un peu avant la thèse de LECONTE, avait paru un travail de TROMMSDORFF sur le même sujet (2). De même que LECONTE, TROMMSDORFF constata que la matière cristallisée que l'on trouve dans le gentianin n'est pas le principe amer de la Gentiane. Les propriétés attribuées par TROMMSDORFF à ce corps cristallisé diffèrent d'ailleurs de celles que lui a reconnues LECONTE. D'après le premier, il décomposerait les carbonates, tandis que LECONTE prétend que l'acide carbonique le déplace de ses combinaisons alcalines, en le précipitant sous la forme pulvérulente.

L'étude chimique du gentisin fut reprise par BAUMERT, puis par HLASIWETZ et HABERMANN et plus récemment par KOSTANECKI et ses collaborateurs (3).

En 1838, DUCK (4) obtint un produit amorphe, très amer, soluble dans l'eau en toutes proportions.

C'est en 1862 que KROMAYER (5) parvint à préparer à l'état cristallisé le principe amer qu'il nomma *gentiopicrine.* KROMAYER, pour cela, s'adressa non pas à la racine sèche, comme ses devanciers, mais à la racine fraîche, parce que, pensait-il, pendant la dessiccation, les principes amers des végétaux subissent des transformations qui les rendent incristallisables. Il reconnut la nature glucosidique de la gentiopicrine.

De 1862 à 1900, aucun travail n'a été publié sur ce sujet.

En 1900, MM. EM. BOURQUELOT et H. HÉRISSEY (6) donnèrent un procédé de préparation de la gentiopicrine, procédé basé

(1) Faits pour servir à l'histoire chimique de la racine de Gentiane. Thèse présentée et soutenue à l'Ecole de Pharmacie de Paris, le 29 août 1837. (*Journ. de Pharm. et de Chim.*, (2), XXIII, p. 465, 1837).

(2) Ueber den crystallinischen Bestandtheil der Enzianwurzel. (*Liebig Annalen*, XXI, p. 134, 1837).

(3) Pour la bibliographie complète de cette question, voir la conférence faite à la Société chimique de France le 2 mai 1904, p. 3 et 4.

(4) Ueber den Wirksamen Bestandtheil der Gentiana. (*Arch. d. Pharm.*, (2), XV, p. 225, 1838).

(5) Ueber das Enzianbitter. (*Arch. d. Pharm.*, (2), XC, p. 27. 1862).

(6) Sur la préparation de la gentiopicrine, glucoside de la racine fraîche de Gentiane. (*Journ. de Pharm. et de Chim.*, (6), XII, p. 421, 1900).

sur le traitement par l'alcool bouillant de la racine fraîche de Gentiane. En opérant par ce moyen, ils retirèrent, de 22 kilogrammes de racines, 250 grammes de gentiopicrine, alors que Kromayer n'en avait obtenu que 4 grammes en partant de 3 kilogrammes de matière première.

Les sucres de la Gentiane ont fait également l'objet de nombreuses recherches.

En 1882, A. Meyer (1) signala, dans la racine fraîche, la présence d'un sucre nouveau qu'il appela *gentianose*, bien que le plus grand nombre des propriétés qu'il lui donne soient celles du saccharose. L'étude du gentianose fut reprise, en 1898, par MM. Em. Bourquelot et Nardin (2), qui donnèrent un moyen de le préparer.

La constitution de ce sucre fut définitivement fixée par MM. Em. Bourquelot et H. Hérissey, en 1901 (3), qui découvrirent, en faisant cette étude, un nouveau biose, le *gentiobiose*, provenant de l'hydrolyse partielle du gentianose (4).

Ces auteurs reconnurent, en outre, que le gentianose est accompagné, dans la racine de Gentiane, de *saccharose* (5).

En 1905, parut la thèse de M. G. Tanret (6). Toute une partie de ce travail est consacrée à l'étude des principes immédiats de la racine de Gentiane.

M. G. Tanret nous a donné un procédé très pratique pour retirer la gentiopicrine à l'état cristallisé ; c'est ce procédé que j'ai toujours utilisé pour l'extraction de ce principe.

A côté de ce glucoside, cet auteur en a découvert deux autres, la *gentiamarine*, glucoside amorphe, et la *gentiine*, glucoside

(1) Ueber Gentianose. (*Zeits. f. physiol. Chem.*, VI, p. 135, 1882).

(2) Sur la préparation du gentianose. (*Journ. de Pharm. et de Chim.*, (6), VII, p. 289, 1898).

(3) Sur la constitution du gentianose. (*Journ. de Pharm. et de Chim.*,(6), XIII, p. 305, 1901).

(4) Sur le gentiobiose cristallisé. (*Journ. de Pharm. et de Chim.*, (6), XVI, p. 417, 1902).

(5) Sur la présence simultanée de saccharose et de gentianose dans la racine fraîche de Gentiane. (*C. R. de l'Ac. d. Sciences*, CXXXI, p. 750, 1900).

(6) Contribution à l'étude de la Gentiane. (*Thèse Doct. Med.*, Paris, 1905.).

cristallisé donnant à l'hydrolyse par les acides du glucose et du xylose.

C'est lui qui a eu l'idée le premier d'analyser l'extrait de Gentiane en le séparant en deux parties par traitement à l'éther acétique, les glucosides passant dans ce dissolvant, tandis que les hydrates de carbone y sont insolubles.

Il n'avait été fait jusqu'ici aucun essai des racines de Gentiane par la méthode biochimique de M. Bourquelot. J'ai fait cet essai biochimique ; mais avant d'en donner les résultats, il importe de connaître les propriétés des principes immédiats de la Gentiane, qui sont hydrolysés par l'invertine et par l'émulsine au cours de cet essai, le *gentianose*, le *gentiobiose* et la *gentiopicrine.*

La *gentiamarine* devrait également rentrer dans cette catégorie, mais j'ai déjà eu l'occasion, au cours d'un travail antérieur (1), de dire que ce principe n'existait pas dans la racine fraîche de Gentiane, et que sa présence dans les extraits préparés par M. G. Tanret était, sans doute, due au mode de traitement qu'il fait subir aux racines fraîches pour obtenir l'extrait alcoolique. Il est donc inutile de revenir sur cette question.

Gentiopicrine. — La gentiopicrine se retire facilement de la racine fraîche de Gentiane en utilisant le procédé de M. G. Tanret.

Comme j'ai employé exactement ce procédé dans l'extraction de la gentiopicrine des racines des diverses Gentianes que j'ai essayées, il est bon, je crois, de le donner ici :

On prépare un extrait alcoolique que l'on évapore à sec, sous pression réduite ; on additionne cet extrait de 17 pour 100 d'eau distillée, et on l'épuise par l'éther acétique hydraté et bouillant. On emploie 25 à 30 fois son poids d'éther acétique, en trois traitements successifs de vingt minutes chaque. L'éther acétique est filtré, puis concentré ; quand la liqueur est réduite des

(1) Application de la méthode biochimique à une nouvelle étude des préparations galéniques de la racine de Gentiane. (*Thèse Doct. Univ.* (*Pharmacie*), p. 22, Paris, 1911).

4/5 environ, on la laisse refroidir. Il se dépose d'abord un sirop foncé qu'on sépare soigneusement ; après quoi, l'éther acétique laisse cristalliser de la gentiopicrine blanche, presque pure : on l'essore à la trompe et on la lave à l'éther acétique.

Il suffit ensuite, pour avoir la gentiopicrine pure, de la faire recristalliser dans l'éther acétique (1).

La gentiopicrine cristallise soit anhydre, soit hydratée, avec $^1/_2$ H^2O. Elle fond anhydre à $+ 191^\circ$, et hydratée à $+121^\circ$-122°. Son pouvoir rotatoire est $\alpha_D = -198^\circ,5$ pour le produit hydraté et $\alpha_D = -200^\circ,7$ pour le produit anhydre (G. TANRET). Ces deux chiffres ne concordent pas : il faudrait pour le produit anhydre, $\alpha_D = -203^\circ,5$, ou, en supposant que $\alpha_D = -200^\circ,7$ soit bon, il faudrait, pour le produit hydraté, $\alpha_D = -195^\circ,7$. MM. EM. BOURQUELOT et H. HÉRISSEY ont trouvé comme pouvoir rotatoire, $\alpha_D = -196^\circ$ pour le corps hydraté, ce qui représente, pour le corps anhydre, $\alpha_D = -200^\circ,9$.

La gentiopicrine est une lactone (G. TANRET). Quand on la traite par une solution de potasse ou de baryte, on obtient un gentiopicrinate : l'alcalinité de la liqueur diminue progressivement. Les gentiopicrinates ne sont pas amers. En les traitant par l'acide sulfurique, on obtient une solution d'acide gentiopicrinique, corps instable qui redonne assez rapidement sa lactone, la gentiopicrine.

La gentiopicrine est un glucoside hydrolysable par les acides minéraux étendus et bouillants ; on obtient ainsi du glucose-d et un produit amorphe, brun. Si on l'hydrolyse par l'émulsine, on obtient également du glucose-d, mais le second produit de dédoublement est cristallisé : c'est la *gentiogénine*. La gentiogénine a été obtenue cristallisée, par ce procédé, pour la première fois, par MM EM. BOURQUELOT et H. HÉRISSEY (2), en 1899. Elle est insoluble dans l'eau et se dépose en cristaux sur les parois du vase, au cours de l'hydrolyse. Elle possède, elle aussi, une fonction lactone (G. TANRET).

Cet auteur a signalé une réaction colorée de la gentiogénine qu'on peut réaliser facilement :

(1) G. TANRET.— *Loc. cit.*, p. 16.

(2) Comptes-rendus de la Société de Pharmacie de Paris. Séance du 1er février 1899. (*Journ. de Pharm. et de Chim.*, (6), IX, p. 220, 1899).

« A un peu de gentiogénine, on ajoute 3 à 4 gouttes d'acide sulfurique pur ; après quelques instants, l'acide se colore en brun. Si alors on ajoute de l'eau goutte à goutte, on voit se développer une coloration bleue. Cette teinte bleue, très intense (on dirait du Fehling pur), ne disparaît pas par addition d'eau ; on la fait disparaître par addition d'alcali, puis reparaître par addition d'acide » (1).

Pour faire cette réaction, il faut avoir de la gentiogénine à l'état sec.

J'ai modifié légèrement le mode opératoire, de façon à pouvoir obtenir la coloration bleue en traitant le produit humide, tel qu'on vient de le recueillir dans un essai à l'émulsine, ce qui permet de caractériser de suite, avec certitude, la gentiopicrine, par son produit de dédoublement.

La gentiogénine est recueillie sur un filtre et lavée à l'eau. On en prélève une petite quantité que l'on délaie, dans un tube à essai, avec 2 cm^3 d'alcool à 95^c. On ajoute 2 cm^3 d'acide sulfurique pur, en ayant soin de ne pas mélanger les 2 liquides ; à la limite de séparation, il se développe une belle coloration bleue ; on mélange en agitant doucement et tout le liquide se colore en bleu (2).

La formule de la gentiopicrine, établie par M. G. Tanret, est : $C^{16}H^{20}O^9$. On peut écrire l'équation de son hydrolyse par l'émulsine de la façon suivante :

$$\underset{\text{gentiopicrine (356)}}{C^{16}H^{20}O^9} + H^2O = \underset{\text{glucose (180)}}{C^6H^{12}O^6} + \underset{\text{gentiogénine (194)}}{C^{10}H^{10}O^4}$$

La gentiopicrine fournit, d'après cette équation, 50,56 pour 100 de glucose-d. L'indice de réduction enzymolytique est de 111. On peut, en s'appuyant sur ces données, calculer la quantité de gentiopicrine contenue dans un liquide.

On procédera à l'hydrolyse par l'émulsine ; l'examen polarimétrique et le dosage du sucre réducteur, effectués avant et après l'hydrolyse, donneront des chiffres avec lesquels on calculera l'indice de réduction. Si cet indice est 111, ou très voisin de 111, on pourra conclure que le glucoside hydrolysé est bien

(1) G. Tanret. — *Loc. cit.*, p. 40.
(2) Marc Bridel. — *Loc. cit.*, p. 67.

de la gentiopicrine. Il suffira alors de multiplier la quantité de sucre réducteur produit par l'émulsine par le facteur 1,977 pour avoir la quantité correspondante de gentiopicrine.

On trouvera une application de ce procédé dans la quatrième partie de ce travail.

Gentianose. — Le gentianose se retire de la racine de Gentiane en employant le procédé donné, en 1898, par MM. Em. Bourquelot et Nardin. L'extrait alcoolique de racines fraîches, stérilisées par l'alcool bouillant, est traité, à l'ébullition, par 10 fois son poids environ d'alcool à 95°. On décante le liquide clair après un repos de plusieurs jours sur l'extrait : le gentianose cristallise très lentement, même après amorçage avec un produit précédemment cristallisé.

On le purifie par cristallisation dans l'alcool à 80°.

Le gentianose cristallise à l'état anhydre, en lamelles carrées ou rectangulaires. Sa saveur n'est que très peu sucrée.

Il est dextrogyre, sans présenter le phénomène de multirotation : $\alpha_D = +31°,5$. Il fond à $+ 207°\text{-}209°$.

Le gentianose est un hexotriose, $C^{18}H^{32}O^{16}$, qui, traité à l'ébullition par l'acide sulfurique à 3 pour 100, est hydrolysé en une molécule de lévulose et deux molécules de glucose (Em. Bourquelot et H. Hérissey).

Ce sucre est également hydrolysé par l'invertine, mais seulement en partie ; il se forme du lévulose, les deux molécules de glucose restant sous forme d'un hexobiose, le *gentiobiose*, en même temps que la solution devient réductrice.

$$\underset{\text{gentianose (504)}}{C^{18}H^{32}O^{16}} + H^2O = \underset{\text{lévulose (180)}}{C^6H^{12}O^6} + \underset{\text{gentiobiose (342)}}{C^{12}H^{22}O^{11}}$$

Dans cette hydrolyse, un recul de 1° à gauche (l = 2) représente la formation de 0 gr., 673 de sucre réducteur pour 100 cm³ ; autrement dit, l'indice de réduction enzymolytique du gentianose est 673. Rappelons que l'indice du sucre de canne est 603.

Pour obtenir ensuite l'hydrolyse du gentiobiose, c'est-à-dire pour aboutir à l'hydrolyse totale du gentianose, il faut faire intervenir un autre ferment, la *gentiobiase*, qui existe dans l'émulsine des amandes.

Le liquide d'*Aspergillus niger*, qui renferme à la fois invertine et gentiobiase, hydrolyse totalement le gentianose.

Gentiobiose. — Il n'est pas démontré d'une façon absolue que le gentiobiose existe à l'état libre dans les racines de Gentiane. Cependant, comme il se forme sous l'action de l'invertine sur le gentianose, on le rencontrera dans l'essai biochimique, après l'action de ce ferment.

Pour le préparer, MM. Em. Bourquelot et H. Hérissey ont chauffé pendant 30 minutes au bain-marie bouillant une solution de gentianose dans l'acide sulfurique à 2 pour 1000. Cet acide agit sur le gentianose comme le ferait l'invertine. Après refroidissement, on a neutralisé et on a évaporé en extrait. On a repris l'extrait par l'alcool absolu, puis par l'alcool à 95ᶜ à l'ébullition pour éliminer le lévulose. On a dissous le résidu dans l'alcool à 90ᶜ, d'où le gentiobiose a cristallisé.

On peut encore l'obtenir en partant de la poudre de Gentiane après avoir fait fermenter par la levûre, le gentiobiose étant inattaqué. Le gentiobiose possède une saveur amère ; c'est le premier exemple d'un sucre amer. Il cristallise de l'alcool méthylique avec une molécule d'alcool de cristallisation. Dans l'alcool éthylique, il cristallise anhydre. Il fond à $+ 190°\text{-}195°$. Il est faiblement dextrogyre $\alpha_D = + 9°,8$ et il présente la multirotation : la solution aqueuse est d'abord lévogyre. Il réduit la liqueur de Fehling à l'ébullition. 1 gramme de gentiobiose réduit comme 0 gr.,617 de glucose.

Il se dédouble en 2 molécules de glucose sous l'influence de l'acide sulfurique à 3 pour 100, à l'ébullition. Il est également hydrolysé par la *gentiobiase* contenue dans l'émulsine des amandes.

$$\underset{\text{gentiobiose (342)}}{C^{12}H^{22}O^{11}} + H^2O = \underset{\text{glucose (180)}}{C^6H^{12}O^6} + \underset{\text{glucose (180)}}{C^6H^{12}O^6}$$

La déviation droite de la solution augmente, et le liquide devient plus réducteur. L'indice de réduction enzymolytique du gentiobiose est 478.

Le gentiobiose se comporte donc, sous l'influence de l'émulsine, comme un glucoside hydrolysable par ce ferment : production de sucre réducteur, retour de la déviation vers la droite. Dans l'essai biochimique des racines de Gentiane, on l'hydrolysera par l'émulsine en même temps que la gentiopicrine.

Essai biochimique. — Comme on le verra dans la quatrième partie, j'ai fait, en étudiant les variations de la composition de la racine de Gentiane jaune, de nombreux essais biochimiques. Je ne donnerai ici qu'un de ces essais qui permettra de comparer la composition de cette racine avec celle des racines des autres plantes du même genre.

Les racines essayées ont été arrachées, à Gérardmer, le 18 août 1910, et traitées par l'alcool bouillant 24 heures après leur récolte.

Voici les résultats qu'a donnés l'essai à l'invertine et à l'émulsine ; ces résultats, comme ceux de tous les autres essais donnés au cours de ce travail, se rapportent à un extrait liquide, aqueux, dont 100 cm³ correspondaient exactement à 100 grammes de plantes fraîches. Il sera donc inutile de rappeler ces proportions à propos de l'essai de chaque plante ou partie de plante.

Rotation initiale (l = 2)	— 2°29'
Rotation après action de l'invertine	—11°41'
Rotation après action de l'émulsine	+ 19'
Sucre réducteur initial	0 gr.,778
Sucre réducteur après action de l'invertine.	7 , 492
Sucre réducteur après action de l'émulsine..	9 , 776

Sous l'action de l'invertine, il y a eu un recul de 9°12' avec formation de 6 gr.,714 de sucre réducteur, soit un indice de 730.

On a vu que l'on avait isolé des racines de Gentiane jaune deux sucres hydrolysables par l'invertine, le gentianose et le saccharose. Si l'hydrolyse n'avait porté que sur ces deux sucres seulement, on aurait obtenu un indice intermédiaire entre celui du saccharose, 603, et celui du gentianose, 673, tandis que l'indice de 730 est plus élevé que celui du gentianose lui-même. Il faut donc admettre que l'invertine a exercé son action sur un autre produit : il existerait, sans doute, dans la racine de Gentiane jaune, un autre sucre hydrolysable par l'invertine, sucre qui n'a pas encore été isolé. On verra que l'interprétation des résultats des essais biochimiques des racines de la plupart des autres Gentianées m'a conduit à une conclusion analogue.

Sous l'action de l'émulsine, on a observé un retour à droite de la déviation de 12°, avec la formation de 2 gr.,284 de sucre réducteur, soit un indice de 190.

On sait que l'action de l'émulsine a dû s'exercer sur deux principes connus, la gentiopicrine, existant primitivement dans les racines et le gentiobiose, formé, au cours de l'essai, par l'invertine, aux dépens du gentianose de la racine. La présence de ces deux composés explique la marche de l'hydrolyse : au début, dans les quatre ou cinq premiers jours, on a constaté une action rapide, avec un indice voisin de 111 ; cette action correspond à l'hydrolyse de la gentiopicrine et à celle d'un peu de gentiobiose. Puis, à partir du dixième jour, l'hydrolyse s'est ralentie très fortement et s'est prolongée pendant encore plus de soixante-dix jours. L'indice calculé pendant ce deuxième temps de l'hydrolyse est de 327 et se trouve intermédiaire entre celui de la gentiopicrine 111. et celui du gentiobiose 478. L'action lente correspond donc à l'hydrolyse du gentiobiose et à celle d'un peu de gentiopicrine.

Les résultats ne sont pas toujours aussi concordants avec les faits connus. C'est ainsi que, dans un essai de racines de Gentiane jaune récoltées le 24 mai (1), j'ai observé, dans le deuxième temps de l'hydrolyse par l'émulsine un indice de 604. Il est donc probable qu'à cette époque de l'année, la Gentiane jaune renfermait, en plus de la gentiopicrine et du gentiobiose, un autre principe hydrolysable par l'émulsine.

On n'a pas fait de tentative en vue d'isoler ce ou ces principes encore inconnus, afin de pouvoir affirmer avec certitude leur existence, mais il ressort nettement de la discussion des résultats obtenus ci-dessus que la composition de la racine de

(1) Marc Bridel. — Application de la méthode biochimique à une nouvelle étude des préparations galéniques de la racine de Gentiane. (*Thèse Doct. Univ.* (Pharmacie), p. 43, Paris, 1911).

Gentiane jaune est encore plus complexe qu'on ne le croyait jusqu'ici.

II. — TIGES FOLIÉES.

Si les racines de Gentiane jaune ont fait l'objet d'un très grand nombre de travaux, comme on a pu s'en rendre compte au début de ce chapitre, les tiges foliées de cette même plante ont toujours été négligées par les chimistes, et je n'ai pu rencontrer, dans la littérature, une seule note les concernant.

On a fait deux essais ; l'un a porté sur des tiges foliées de même provenance que les racines : elles avaient été cueillies dans les Vosges, à Gérardmer, le 13 octobre 1909. A cette époque, la végétation était terminée, les feuilles commençaient à se flétrir, la plupart étaient déjà jaunes. Le deuxième essai a été fait sur des organes cueillis en pleine végétation, après la floraison, dans les Alpes, au Lautaret, le 14 août 1912.

Voici les résultats de ces deux essais biochimiques ;

	13 octobre 1909	14 août 1912
Rotation initiale (l=2)	— 3°22'	— 2°50'
Rotation après action de l'invertine	— 5°12'	— 5° 7'
Rotation après action de l'émulsine	+ 36'	+ 3°24'
Sucre réducteur initial	1gr.,653	2gr.,226
Sucre réducteur après action de l'invertine	2 , 712	3 , 850
Sucre réducteur après action de l'émulsine	3 , 528	5 , 756

Examinons d'abord l'essai des tiges foliées cueillies le 13 octobre. Sous l'action de l'invertine, on a constaté un recul de la déviation de 1°50' avec formation de 1 gr.,059 de sucre réducteur, soit un indice de 577, assez rapproché de celui du saccharose 603. Si on calcule le changement de déviation produit par l'hydrolyse de 1 gr.,006 de saccharose (quantité correspondant à 1 gr.,059 de sucre interverti), on trouve 1°45', chiffre très voisin du recul trouvé 1°50'. Il est donc probable qu'à cette époque, les tiges foliées de Gentiane jaune renfermaient seulement du saccharose.

Sous l'action de l'émulsine, il s'est fait un retour de la déviation de 5°48' avec formation de 0 gr.,816 de sucre réducteur, soit un indice de 140, plus faible que l'indice que l'on a trouvé dans les racines, mais encore assez différent de celui de la gentiopicrine, 111. Après cet essai, on avait uniquement l'indication de la présence dans les tiges foliées d'une assez forte proportion de principe glucosidique hydrolysable par l'émulsine, sans qu'il fût possible de dire si ce principe était le même que celui qui existe dans les racines.

Dans l'essai des tiges foliées cueillies le 14 août, on va voir que l'on a obtenu des indices forts différents des précédents, et se rapprochant assez étroitement de ceux que nous a donnés l'essai des racines.

Sous l'action de l'invertine, on a observé un recul de la déviation de 2°17' et un indice de 706 : sucre réducteur formé 1 gr.,624.

Sous l'action de l'émulsine, le retour de la déviation est notablement plus fort que dans le premier essai : 8°31' au lieu de 5°48' ; il s'est formé 1 gr.,906 de sucre réducteur, ce qui donne un indice de 224.

Comparons encore de plus près les résultats obtenus sous l'action de ce ferment au cours des deux essais :

Dans le premier, on a constaté, après 2 jours d'hydrolyse, un retour de 4°7' avec un indice de 142 (sucre réducteur formé : 0 gr.,588) ; du 3e jour à la fin de l'hydrolyse, l'indice est resté sensiblement le même, 135, pour un retour de la déviation de 1°41'.

Dans le second, l'indice que l'on calcule, après 2 jours, est de 132 pour un retour de 4°43', mais, du 3e au 24e jour, c'est-à-dire jusqu'à l'arrêt de l'hydrolyse, l'indice a plus que doublé : pour un retour de 3°48', il est devenu de 337.

Le premier essai ayant été fait sur des tiges foliées arrivées à la fin de leur végétation, et ayant subi déjà, sans doute, l'action de la gelée, il est possible que certains principes peu stables aient été détruits, c'est pourquoi l'on doit regarder l'essai fait sur des organes cueillis en pleine végétation, le 14 août, comme donnant plus exactement la composition de ces organes.

En conséquence, on a essayé l'extraction des principes

immédiats sur des tiges foliées qui avaient été récoltées, au Lautaret, en même temps que celles qui ont été utilisées pour le deuxième essai.

3.000 grammes de tiges foliées ont été traitées par l'alcool bouillant, à Paris, trois jours après leur récolte. On a préparé de la sorte un extrait alcoolique pesant, à l'état sec, 293 grammes. On a cherché à en extraire la gentiopicrine.

La méthode que l'on a utilisée pour l'extraction de ce glucoside des racines des Gentianes n'est pas applicable aux feuilles ou aux tiges foliées. La composition de ces derniers organes est plus complexe que celle des racines ; en traitant directement l'extrait alcoolique par l'éther acétique hydraté et bouillant, on dissout, dans ce véhicule, en même temps que le glucoside cherché, une assez forte proportion de matières étrangères, notamment des tanins, dont la présence empêche, par la suite, la cristallisation de la gentiopicrine.

Le procédé suivant qui consiste, somme toute, à opérer l'extraction à l'éther acétique sur un extrait convenablement purifié m'a toujours donné de bon résultats.

L'extrait alcoolique dont il vient d'être question a été traité à deux reprises par 1.000 cm³ d'alcool à 95^c bouillant, en ayant soin après chaque traitement de laisser le liquide pendant au moins 24 heures sur l'extrait non dissous avant de le décanter. On a réuni les liqueurs alcooliques, on a distillé l'alcool au bain-marie, puis on a évaporé le résidu sirupeux, à sec, sous pression réduite. L'extrait pesait 138 grammes. On l'a repris par l'eau distillée de façon à faire une solution à 5 pour 100 ; on a filtré pour séparer les substances résineuses entraînées par l'alcool et on a déféqué complètement par l'acétate basique de plomb. On a séparé à la trompe le précipité formé et on a éliminé l'excès de plomb par l'hydrogène sulfuré ; on a filtré et on a distillé le liquide limpide et à peu près incolore, sous pression réduite, sans dépasser + 40°, de façon à éviter l'action hydrolysante de l'acide acétique qu'on arrive ainsi à éliminer totalement.

Finalement, on a obtenu un extrait sec, jaune pâle, pesant 100 grammes, que l'on a traité, à trois reprises, par 500 cm³ d'éther acétique à l'ébullition. Par refroidissement, il s'est fait une abondante cristallisation de gentiopicrine. On a séparé le cristaux ; on a réuni les éthers acétiques et on les a concen trés à 500 cm^3 ; une nouvelle quantité de gentiopicrine a cris tallisé. On a obtenu 9 grammes de gentiopicrine pour les 3.00 grammes de tiges foliées. Après une nouvelle cristallisatio dans l'éther acétique, le produit possédait un pouvoir rotatoir de — 196°,6 : c'était donc bien de la gentiopicrine.

On a ainsi retrouvé, dans les tiges foliées de *Gentian lutea* L., le même glucoside que dans les racines. Bien que l rendement ne soit ici que de 3 grammes pour 1 kilogramme d matière première, on pourrait avantageusement retirer l gentiopicrine des tiges foliées de *Gentiana lutea* L. au lieu d s'adresser aux racines, les tiges foliées de Gentiane n'ayant l'heure actuelle aucune valeur commerciale.

CHAPITRE II.

Gentiane à feuille d'Asclépiade (*Gentiana asclepiadea* L.)

La Gentiane à feuille d'Asclépiade est une plante vivace que l'on rencontre, en France, dans les pâturages humides des Alpes et des Pyrénées, où elle croît jusqu'à plus de 2.000 mètres d'altitude. Sa tige est dressée, de 30 à 40 centimètres de haut, grêle, et elle porte de nombreuses feuilles opposées deux à deux, terminées en pointe, et ressemblant assez bien aux feuilles de l'Asclépiade, ce qui a valu à la plante son nom spécifique. Les fleurs sont assez grandes, bleues, isolées, sessiles à l'aisselle des feuilles supérieures, et n'apparaissent qu'assez tard, à la fin du mois d'août, tandis que les fleurs des autres grandes Gentianes se rencontrent déjà au début de juillet.

La souche est petite, et il en part un certain nombre de racines de couleur blanchâtre n'ayant guère plus de cinq millimètres de diamètre : elles sont donc notablement plus petites que les racines de la Gentiane jaune.

J'ai récolté cette plante au Lautaret (Hautes-Alpes), le 15 août 1912. Elle a été traitée à Paris, par l'alcool bouillant, deux jours après sa récolte. On a fait l'étude, d'un côté des racines, et de l'autre des tiges avec les feuilles et les fleurs.

I. — RACINES.

On a traité par l'alcool bouillant 560 gr. de racines fraîches. Voici les résultats fournis par l'essai à l'invertine et à l'émulsine :

Rotation initiale (l = 2)...................	—3°43'
Rotation après action de l'invertine........	—9°26'
Rotation après action de l'émulsine........	+1°26'

Sucre réducteur initial....................	0 gr.,544
Sucre réducteur après action de l'invertine	5 , 062
Sucre réducteur après action de l'émulsine	7 , 408

Sous l'action de l'invertine, il s'est produit une augmentation de la déviation gauche de 5°43', avec formation de 4 gr.,518 de sucre réducteur. L'indice est ainsi de 790, plus élevé que ceux du gentianose, 673, du saccharose, 603, et des autres sucres connus. Cet indice se rapproche de celui que l'on a obtenu dans l'essai de la racine de Gentiane jaune (page 29), 730.

Sous l'action de l'émulsine, il s'est produit un retour de la déviation vers la droite de 10°52', avec formation de 2 gr.,346 de sucre réducteur, ce qui donne un indice de 215. L'hydrolyse par l'émulsine s'est faite, en quelque sorte, en deux temps : elle a été rapide au début, puis elle a traîné ensuite en longueur. Ainsi, dans les quatre premiers jours, le retour a été de 7°38' et l'indice de 140 (sucre réducteur formé : 1 gr., 074) et dans les seize derniers jours, le retour a été seulement de 52' tandis que l'indice s'élevait à 529 (sucre réducteur formé : 0 gr.,459). On a vu, dans l'essai des racines de *Gentiana lutea* L., que l'hydrolyse avait eu lieu de la même façon et qu'on avait observé à la fin un indice encore plus élevé : 604, tandis que l'indice du gentiobiose n'est que de 478 (voir page 30).

Les faits que l'on a observés au cours de l'essai des racines de *Gentiana asclepiadea* L., sont donc en tous points comparables avec ce que l'on a déjà remarqué pour les racines de *Gentiana lutea* L. On verra, par l'extraction des principes immédiats, qu'ils s'expliquent de la même façon.

Extraction de la gentiopicrine. — L'extrait alcoolique provenant de 400 grammes de racines fraîches a été traité par l'éther acétique selon le procédé de M. G. Tanret, procédé exposé précédemment (page 24). On a obtenu 5 grammes de gentiopicrine soit un rendement de 12 gr.,5 par kilogramme. On a fait recristalliser la gentiopicrine dans l'éther acétique, de façon à l'avoir pure. Elle présentait les propriétés suivantes :

Pouvoir rotatoire $\alpha_D = -197°,41$
($p = 0,1218$; $v = 15$; $l = 2$; $\alpha = -3°12'$

Sous l'action de l'émulsine, la solution incolore est devenue jaune et il s'est déposé de la gentiogénine cristallisée qui donnait la coloration bleue caractéristique signalée par M. G. Tanret.

Extraction du gentianose. — L'extrait insoluble dans l'éther acétique, par conséquent débarrassé de la gentiopicrine et ne renfermant plus que les hydrates de carbone, a été évaporé à sec, sous pression réduite. On l'a traité, à ébullition, par 250 cm³ d'alcool à 95°. On a laissé refroidir et on a décanté après un repos de plusieurs jours. On a fait de la même façon un second épuisement.

Ce procédé se rapproche beaucoup de celui que MM. Em. Bourquelot et Nardin ont donné pour l'obtention du gentianose en partant des racines de la Gentiane jaune ; il n'en diffère que par ce fait que ces auteurs ont traité directement l'extrait par l'alcool à 95°, tandis qu'ici on a opéré sur un extrait débarrassé des principes glucosidiques ; de cette façon, le gentianose cristallise plus facilement.

Au bout de quelques jours, la cristallisation a commencé ; quand elle a été terminée, on a recueilli les cristaux et on les a séchés à l'air : ils pesaient 2 gr.,50 environ. On les a purifiés par cristallisation dans l'alcool à 80°. On a obtenu ainsi, un produit blanc présentant les caractères microscopiques du gentianose, cristaux en lames quadratiques, fondant au bloc à $+209°$, et possédant un pouvoir rotatoire, $\alpha_D = +31°,41$.

($p = 0,1910$; $v = 15$; $l = 2$; $\alpha = +48'$)

MM. Em. Bourquelot et H. Hérissey ont donné comme pouvoir rotatoire du gentianose, $\alpha_D = +31°,5$, et comme point de fusion $+207$-$209°$.

Extraction du saccharose. — Les liqueurs alcooliques, dont on avait séparé le gentianose cristallisé, ont laissé déposer peu à peu, en 40 jours environ, une nouvelle quantité de cristaux que l'on a recueillis, lavés et séchés. Ils pesaient 2 grammes environ. Leur pouvoir rotatoire a été trouvé égal à, $\alpha_D = + 50°,39$, valeur correspondant à peu près à celle que donnerait un mélange équimoléculaire de gentianose et de saccharose, avec un léger excès de saccharose. Pour en séparer ce dernier principe, on a traité la totalité des cristaux par 40 cm^3 d'alcool à 95^c qui ne dissout pour ainsi dire pas de gentianose, mais qui dissout facilement le saccharose à l'ébullition. On a filtré la solution bouillante, et, en quelques heures, il s'est fait une cristallisation abondante. On a recueilli les cristaux ; on les a lavés à l'alcool à 95^c et on les a séchés à l'air.

Pouvoir rotatoire $\alpha_D = + 66°,14$
$(p = 0,1852 \; ; \; v = 15 \; ; \; l = 2 \; ; \; \alpha = + 1°38')$

Sous l'action de l'invertine, la rotation de la solution ayant servi à déterminer le pouvoir rotatoire a passé de $+1°38'$ à $-36'$, soit un retour de $2°14'$, concordant exactement avec le retour que donnerait, dans les mêmes conditions, une solution de saccharose pur, de même concentration.

On a donc réussi à obtenir à l'état pur et cristallisé la gentiopicrine, le gentianose et le saccharose.

Comme pour les racines de Gentiane jaune, l'hydrolyse en deux temps sous l'influence de l'émulsine trouve son explication dans la présence de la gentiopicrine et du gentianose. L'action rapide des premiers jours correspond à l'hydrolyse de la gentiopicrine, et l'action lente à l'hydrolyse du gentiobiose formé antérieurement par l'invertine aux dépens du gentianose.

L'indice élevé que l'on a observé sous l'action de l'invertine, ne peut pas s'expliquer en s'appuyant sur les propriétés des principes qu'on vient d'isoler ; aussi on doit penser, comme pour les racines de Gentiane jaune, à la présence d'un sucre encore inconnu, hydrolysable par l'invertine.

Il y a une relation étroite entre la composition des racines de Gentiane jaune et de Gentiane à feuille d'Asclépiade, et l'on verra en étudiant les tiges foliées que cette relation existe également pour ces organes.

II. — TIGES FOLIÉES.

Ainsi que je l'ai dit au commencement de ce chapitre, les tiges foliées de *Gentiana asclepiadea* L. ont été récoltées le même jour que les racines, le 15 août 1912, au Lautaret.

Voici les résultats que nous a fournis l'essai à l'invertine et à l'émulsine :

Rotation initiale (l = 2)	—5°24'
Rotation après action de l'invertine.......	—7°48'
Rotation après action de l'émulsine.......	+2°42'
Sucre réducteur initial....................	1 gr.,149
Sucre réducteur après action de l'invertine	2 , 731
Sucre réducteur après action de l'émulsine	4 , 975

Sous l'action de l'invertine, on a observé un recul de la déviation de 2°24' avec formation de 1 gr.,582 de sucre réducteur, soit un indice de 654, valeur intermédiaire entre celle du saccharose, 603, et celle du gentianose, 673.

Sous l'action de l'émulsine, le retour à droite de la déviation a été de 10°30', avec formation de 2 gr., 244 de sucre réducteur, soit un indice de 213. Le retour que l'on a observé ici est plus fort que le retour obtenu dans l'essai des tiges foliées de Gentiane jaune, 10°30' et 8°31', mais l'indice est sensiblement de même ordre dans les 2 cas, 213 et 224. De plus, l'hydrolyse s'est faite ici également en deux temps, rapide au début avec un indice faible pour traîner ensuite en longueur, tandis que l'indice s'élevait.

Etant donnés ces résultats, on a été amené à penser que, de même que les tiges foliées de *Gentiana lutea* L., celles de *Gentiana asclepiadea* L devaient renfermer de la gentiopicrine, et l'on a tenté l'extraction de ce glucoside.

Dans ce but, on a traité un extrait alcoolique provenant de 500 grammes de tiges foliées ; on a suivi exactement le mode opératoire décrit à propos du traitement des tiges foliées de Gentiane jaune (page 33) et on a réussi à obtenir avec la même facilité la gentiopicrine à l'état pur et cristallisé.

Pouvoir rotatoire $\alpha_D = -196°,74$
($p = 0,2516$; $v = 15$; $l = 2$; $\alpha = -6°36'$)

Avec ces tiges foliées, le rendement est meilleur qu'avec celles de Gentiane jaune, ce qui laissait prévoir le plus fort retour observé sous l'action de l'émulsine. En partant de l'extrait de 500 grammes de plante, on a obtenu 2 grammes de gentiopicrine, soit 4 grammes pour 1 kilogramme.

En résumé, il ressort de l'étude des racines et des tiges foliées de *Gentiana asclepiadea* L. que cette plante a une composition à peu près semblable à celle du *Gentiana lutea* L., et l'on verra, dans les chapitres qui vont suivre, qu'il en est de même pour les autres grandes Gentianes que nous avons étudiées.

CHAPITRE III.

Gentiane Croisette (*Gentiana cruciata* L.).

La Gentiane Croisette (*Gentiana cruciata* L.) est une plante que l'on rencontre aussi bien dans les plaines que dans les régions montagneuses jusqu'à une altitude de 1.700 mètres environ. Elle pousse dans les prairies sèches et calcaires.

C'est une plante vivace, robuste, haute de dix à cinquante centimètres, à souche épaisse. Les tiges sont courbées et ne se relèvent que vers l'extrémité ; elles ne sont pas ramifiées ; elles sont garnies de feuilles opposées deux à deux, nettement trinervées.

Les fleurs sont réunies à la partie supérieure de la tige et disposées en grappe de cymes. Elles sont sessiles, avec une corolle d'un beau bleu, en tube divisé à l'extrémité en quatre lobes courts.

Les racines, partant de la souche, sont relativement petites, encore plus petites que celles de la Gentiane à feuille d'Asclépiade ; mais, elles se trouvent souvent enroulées cinq ou six ensemble, ce qui figure une racine relativement volumineuse. Cette disposition toute spéciale des racines, que je n'ai rencontrée que dans cette espèce, est assez caractéristique.

La Gentiane Croisette fleurit du mois de juillet au mois de septembre.

Malgré de nombreuses recherches, je ne suis pas parvenu à rencontrer cette Gentiane dans les plaines, et je la dois à mon excellent confrère, M. Disdier, docteur en pharmacie, à Grenoble, qui a bien voulu, par deux fois, m'en faire expédier de Brutinel-en-Champsaur (Hautes-Alpes), dans le courant du mois de septembre 1912.

Sur un envoi de 1.200 grammes, le 21 septembre, j'ai pu séparer, d'une part, 700 grammes de racines et, d'autre part, 500 grammes de tiges foliées, fleuries. J'ai donc fait, ici encore, l'étude distincte des racines et des tiges foliées.

I. — RACINES.

700 grammes de racines ont été traitées, par l'alcool bouillant, trois jours après leur récolte. Voici les résultats qu'a donnés l'essai à l'invertine et à l'émulsine :

Rotation initiale (l=2)	— 7°12'
Rotation après action de l'invertine	— 13°40'
Rotation après action de l'émulsine	+ 3°36'
Sucre réducteur initial	1 gr.,039
Sucre réducteur après action de l'invertine	5 , 599
Sucre réducteur après action de l'émulsine	9 , 360

Sous l'action de l'invertine, on a observé un recul de la déviation gauche de 6°28', avec formation de 4 gr.,560 de sucre réducteur. L'indice que l'on calcule, 702, est assez voisin de celui du gentianose.

Sous l'action de l'émulsine, le retour produit est considérable, 17°16', près d'un tiers plus fort que celui que l'on a constaté pour les racines de la Gentiane jaune, 12°. C'est le plus fort retour que j'ai rencontré au cours de tous mes essais sur les Gentianées. Il y a eu, dans le même temps, formation de 3 gr., 761 de sucre réducteur, avec un indice de 217, très voisin de celui des racines de *Gentiana asclepiadea* L., 215. Le retour étant très élevé, il est facile de se rendre compte ici, d'une façon précise, de la marche de l'hydrolyse. Dans les trois premiers jours, il s'est fait un retour de 11°21', avec formation de 1 gr.,421 de sucre réducteur, soit un indice de 125 ; du quatrième au douzième jour, le retour a été de 3°31' et l'indice est monté à 346 (sucre réducteur formé : 1 gr.,212) ; enfin, du treizième au vingt-neuvième jour, c'est-à-dire, à l'arrêt de l'hydrolyse, le retour a été de 2°24' et l'indice de 470, ce qui est, à peu près, l'indice théorique du gentiobiose, 478.

On ne trouve donc pas ici, comme avec les racines des deux Gentianes que nous venons d'étudier, des indices très élevés, aussi bien sous l'action de l'émulsine, que sous l'action de l'invertine, indices inexplicables avec la connaissance que l'on a actuellement de la composition de ces racines. Les chiffres que l'on a obtenus avec la Gentiane Croisette s'expliquent par la seule présence du gentianose et de la gentiopicrine, principes que l'on en a isolés ainsi qu'on va le voir.

Extraction de la gentiopicrine. — On a traité par l'alcool bouillant 665 grammes de racines fraiches. L'extrait alcoolique a été épuisé par l'éther acétique, comme il a été dit dans le Chapitre Premier (page 24).

Finalement, on a obtenu 9 grammes de gentiopicrine, soit un rendement de 13 gr.,5 par kilogramme de racines fraîches.

On a fait recristalliser cette gentiopicrine dans l'éther acétique. Elle présentait alors le pouvoir rotatoire suivant :

Pouvoir rotatoire : $\alpha_D = -196°,3$.
($p = 1,6813$; $v = 100$; $l = 2$; $\alpha = -6°36'$).

On a ajouté de l'émulsine à la solution ayant servi à déterminer le pouvoir rotatoire. Après vingt-quatre heures, la solution accusait une rotation de $+54'$, et il s'était formé 0 gr.,839 de sucre réducteur, ce qui donne indice de 111, indice théorique de la gentiopicrine.

Extraction du gentianose. — On a traité l'extrait alcoolique, épuisé par l'éther acétique, en suivant les indications données à la page 41 pour la préparation du gentianose des racines de la Gentiane à feuille d'Asclépiade. On a obtenu ainsi, en une vingtaine de jours environ, un produit cristallisé que l'on a recueilli, lavé à l'alcool, et séché à l'air. Il y en avait 3 gr.,80. On a purifié ces cristaux par une cristallisation dans l'alcool à 80°. On a déterminé le pouvoir rotatoire sur le produit ainsi purifié.

Pouvoir rotatoire : $\alpha_D = +32°,04$.
($p = 0,2810$; $v = 15$; $l = 2$; $\alpha = +1°12'$).

C'était donc bien du gentianose.

On a réuni les liquides alcooliques dans lesquels le gentianose avait cristallisé, et on les a concentrés à un demi-volume. Après un repos de plusieurs mois, le liquide était toujours limpide, sans trace de cristallisation. On ne peut donc pas dire, à l'heure actuelle, si les racines de Gentiane Croisette renferment du saccharose à côté du gentianose.

Ainsi, on a pu obtenir, à l'état pur et cristallisé, le gentianose et la gentiopicrine, et cette dernière, avec un rendement identique à celui que donnent les racines de Gentiane jaune.

La composition des racines de Gentiane Croisette est donc très voisine de celle des racines de Gentiane à feuille d'Asclépiade et de Gentiane jaune.

Nous retrouverons, en étudiant les tiges foliées, le même rapport étroit dans la composition des organes de ces plantes.

II. — TIGES FOLIÉES.

Les tiges foliées que j'ai analysées ont été récoltées, à Brutinel-en-Champsaur, le 21 septembre 1912, en même temps que les racines dont il vient d'être question. Voici les résultats de l'essai biochimique de ces organes :

Rotation initiale (l = 2)	— 2°24'
Rotation après action de l'invertine	— 3°22'
Rotation après action de l'émulsine	+ 2°14'
Sucre réducteur initial..................	1 gr.,358
Sucre réducteur après action de l'invertine	2 , 232
Sucre réducteur après action de l'émulsine	3 , 720

Sous l'action de l'invertine, on a constaté un faible recul de la déviation gauche de 58', avec formation de 0 gr.,874 de sucre réducteur, soit un indice de 904. Cet indice est déjà fort élevé, et, dans le chapitre suivant, à l'essai des tiges foliées de Gentiane Pneumonanthe, on trouvera un indice plus de deux fois plus fort : il est de 2145.

Avec les tiges foliées de la Gentiane jaune et de la Gentiane à feuille d'Asclépiade, on a obtenu des indices voisins de ceux du gentianose et du saccharose et assez éloignés des indices obtenus avec les racines Avec la Gentiane Croisette, les différences sont encore plus marquées, 904 et 702.

Sous l'action de l'émulsine, le retour a été sensiblement le même que pour la Gentiane jaune, 5°36' au lieu de 5°48', mais l'indice est près de deux fois plus fort, 265 au lieu de 140. L'émulsine a, d'ailleurs, ici aussi, exercé son action sur deux principes différents, ainsi que le montre l'examen détaillé de la marche de l'hydrolyse : en vingt-quatre heures, le retour a été de 2°10' et l'indice de 173, et, du deuxième jour à l'arrêt de l'hydrolyse on a constaté un retour de 3°26' et un indice de 314.

Etant donné l'indice observé en vingt-quatre heures, on pouvait penser que si la gentiopicrine existait dans ces organes, elle devait s'y trouver en proportion assez faible. On a cherché à extraire la gentiopicrine d'un extrait alcoolique provenant de 500 grammes de tiges foliées fraîches.

On a traité cet extrait en suivant le procédé décrit à la page 33 pour les tiges foliées de la Gentiane jaune, procédé qu'on a employé également pour les tiges foliées de la Gentiane à feuille d'Asclépiade et qui nous a permis d'obtenir assez facilement la gentiopicrine.

On s'est heurté ici à une difficulté produite par la faible proportion de principe existant dans l'extrait. L'éther acétique n'a pas laissé déposer de gentiopicrine, comme dans les deux cas précédents. L'observation polarimétrique de cet éther ayant permis de reconnaître que le glucoside s'y trouvait en trop faible proportion pour cristalliser, on a évaporé l'éther acétique à sec, sous pression réduite. On a repris par l'eau l'extrait obtenu ; on a filtré et on a distillé le filtrat, à sec, sous pression réduite On a traité ce nouvel extrait par 50 cm³ d'éther acétique anhydre, à l'ébullition, qui a laissé déposer, par refroidissement et repos, une gentiopicrine cristallisée, mais assez impure On l'a recueillie et on l'a fait recristalliser dans l'éther acétique. On a obtenu ainsi 0 gr.,20 de produit pur que son pouvoir rotatoire identifie avec la gentiopicrine :

Pouvoir rotatoire : $\alpha_D = -197°,08$.
($p = 0,0685$; $v = 15$; $l = 2$; $\alpha = -1°48'$).

On a donc pu extraire de la gentiopicrine des tiges foliées de Gentiane Croisette, mais, tandis qu'avec les tiges foliées de Gentiane jaune et de Gentiane à feuille d'Asclépiade, on a obtenu de 3 à 4 grammes de gentiopicrine par kilogramme, on n'a pu en retirer ici qu'une minime proportion, ce que laissait prévoir, l'indice élevé de 265 obtenu sous l'action de l'émulsine.

Il n'en est pas moins établi que cette Gentiane, comme les deux premières, renferme de la gentiopicrine aussi bien dans les racines que dans les tiges et les feuilles.

CHAPITRE IV.

Gentiane Pneumonanthe *(Gentiana Pneumonanthe* L*).*

La Gentiane Pneumonanthe (*Gentiana Pneumonanthe* L.) est une petite plante que l'on rencontre assez communément dans les marais tourbeux, ou les pâturages humides de toute la France. Sa tige est grêle, dressée, souvent simple, de 2 à 4 décimètres de hauteur environ. Les feuilles sont opposées, uninervées, lancéolées Les fleurs sont solitaires, ou assez souvent réunies au nombre de deux à quatre au sommet de la tige. La corolle a une longueur de 3 à 4 centimètres ; elle est d'un beau bleu avec une bande un peu livide sur les angles, tubuleuse-campanulée, à lobes courts.

Les racines sont assez petites : leur grosseur atteint rarement un centimètre de diamètre, et leur longueur est de 4 à 5 centimètres seulement. On est parvenu cependant à en arracher une quantité suffisante pour en faire une analyse séparée : racines d'un côté, tiges foliées de l'autre.

Les plantes analysées ont été récoltées, le 21 septembre 1908 en pleine floraison, aux environs de Blois. Elles ont été traitées, par l'alcool bouillant, à Paris, le lendemain.

I. — RACINES.

On a traité, par l'alcool bouillant, 100 grammes de racines. Voici les résultats fournis par l'essai à l'invertine et à l'émulsine :

Rotation initiale (l = 2)................	— 6°34'
Rotation après action de l'invertine	—11°26'
Rotation après action de l'émulsine......	— 1°16'
Sucre réducteur initial..................	1 gr., 081
Sucre réducteur après action de l'invertine	5 , 293
Sucre réducteur après action de l'émulsine	6 , 874

Sous l'action de l'invertine, on a constaté un recul de la déviation gauche de 4°52', avec formation de 4 gr.,212 de sucre réducteur, soit un indice de 865, plus élevé que les indices que l'on a déjà observés avec les *Gentiana lutea* L., *asclepiadea* L. et *cruciata* L., dont le plus fort est 790. Si le sucre hydrolysé par l'invertine avait été du saccharose, on aurait observé un recul de 7°1', et si le sucre avait été du gentianose un recul de 6°16'. On doit donc penser, là encore, à l'existence d'un autre sucre inconnu.

Sous l'action de l'émulsine, on a observé un retour de la déviation de 10°10', avec formation de 1 gr.,581 de sucre réducteur, soit un indice de 155, à rapprocher des indices que l'on a déjà calculés dans les essais des racines d'autres Gentianes, et qui indique bien que la composition de toutes ces racines doit être à peu près identique.

En partant de l'extrait provenant de 100 grammes de racines fraîches, on est parvenu facilement à obtenir à l'état pur et cristallisé le glucoside contenu dans ces racines. On a suivi, pour cela, la méthode de M. G. Tanret. Le produit cristallisé, séché à l air, présentait les caractères suivants :

Pouvoir rotatoire : $\alpha = -195°,43$
$(p = 0{,}0844 ; v = 15 ; l = 2 ; \alpha = -2°12')$

On a ajouté de l'émulsine à la solution ayant servi à déterminer le pouvoir rotatoire. Sous l'action du ferment, la rotation a passé, en vingt quatre heures, de — 2°12' à + 10'. Il s'était formé, pour 100 cm³, 0 gr.,265 de sucre réducteur, ce qui donne un indice de 112, alors que l'indice de la gentiopicrine pure est 111. Le liquide incolore était devenu jaunâtre et il s'était formé un dépôt cristallisé présentant les caractères de la gentiogénine.

Le produit retiré des racines de la Gentiane Pneumonanthe

est donc bien de la gentiopicrine. Ces racines en renferment sensiblement la même proportion que celles de la Gentiane jaune.

On n'a pas essayé de traiter l'extrait, épuisé par l'éther acétique, dans le but de tenter l'extraction des matières sucrées. D'ailleurs, la faible quantité de cet extrait rendait la réussite à peu près impossible.

II. — TIGES FOLIÉES.

Les tiges foliées ont été récoltées, en même temps que les racines. Voici les résultats de l'essai biochimique :

Rotation initiale........................	— 7°36'
Rotation après action de l'invertine.......	— 8°14'
Rotation après action de l'émulsine.......	— 2°
Sucre réducteur initial....................	1 gr.,453
Sucre réducteur après l'action de l'invertine	2 , 812
Sucre réducteur après action de l'émulsine	4 , 068

Sous l'action de l'invertine, on a observé un recul de 38', avec formation de 1 gr.,359 de sucre réducteur. L'indice que l'on calcule, 2145, est de beaucoup l'indice le plus élevé que l'on ait obtenu, et s'éloigne par conséquent très fortement des indices de tous les sucres connus.

Sous l'action de l'émulsine, il y a eu un retour de la déviation de 6°14', avec formation de 1 gr.,256 de sucre réducteur. L'indice est ici de 201, de même ordre que celui que l'on a obtenu dans l'essai des tiges foliées des Gentianes précédentes, 213 et 224.

On a essayé d'extraire la gentiopicrine de ces tiges foliées.

Pour cela, on a traité par l'alcool bouillant 2.000 grammes de tiges foliées de Gentiane Pneumonanthe, récoltées en même temps que celles qui avaient servi à l'essai. On a obtenu ainsi un extrait alcoolique que l'on a traité d'une façon différente de celle qui nous a permis de préparer la gentiopicrine en partant des tiges foliées de la Gentiane jaune, de la Gentiane à feuille d'Asclépiade et de la Gentiane Croisette.

La raison de cette divergence est que l'on a traité, en 1913, seulement, ces trois dernières Gentianes, et que l'extraction de la gentiopicrine des tiges foliées de la Gentiane Pneumonanthe remonte à 1908-1910.

J'aurais pu suivre, évidemment, pour les autres, le même mode opératoire, mais je l'ai abandonné parce qu'il ne fournit qu'une faible quantité de produit et qu'il est long et pénible. Voici ce mode opératoire :

L'extrait alcoolique a été traité par l'éther acétique hydraté et bouillant ; on a distillé les trois quarts de l'éther acétique ; par refroidissement, le liquide résiduel a laissé déposer un produit blanc, amorphe, que l'on a mis de côté. On a distillé ensuite le liquide à sec et on a repris, par l'eau, l'extrait obtenu. On a agité la solution aqueuse avec de l'éther ordinaire, puis on l'a évaporé à sec, sous pression réduite. On a traité l'extrait par du chloroforme, et, c'est cet extrait débarrassé des substances solubles dans le chloroforme, qu'on a épuisé par l'éther acétique anhydre. La gentiopicrine a cristallisé par refroidissement (1).

On a séché à l'air les cristaux obtenus.

Pouvoir rotatoire, $\alpha_D = -196°,42$.
$(p = 0{,}0700 ; v = 50 ; l = 2 ; \alpha = -33')$

Ainsi la Gentiane Pneumonanthe, comme la Gentiane jaune, la Gentiane à feuille d'Asclépiade, la Gentiane Croisette, renferme de la gentiopicrine, aussi bien dans les racines que dans les tiges, et également en plus forte quantité dans les racines que dans les tiges.

(1) Em. Bourquelot et M. Bridel. — Sur la présence de la gentiopicrine dans les racines et dans les tiges foliées de la Gentiane Pneumonanthe. (*Journ. de Pharm. et de Chim.*, (7), II, p. 149, 1910).

CHAPITRE V.

Gentiane ponctuée (*Gentiana punctata* L.).

La Gentiane ponctuée (*Gentiana punctata* L.) est de toutes les Gentianes que nous venons d'étudier celle qui se rapproche le plus, par son aspect général, de la Gentiane jaune, avec laquelle on peut la confondre. On pouvait donc penser qu'elle devait renfermer les mêmes principes que cette dernière.

Sa racine est épaisse, charnue, blanchâtre et rappelle exactement la racine de la Gentiane jaune, d'avec laquelle il est absolument impossible de la différencier. Les caractères de l'appareil végétatif aérien permettent facilement de faire cette distinction.

La Gentiane ponctuée a une tige creuse, de 20 à 40 centimètres environ, tandis que la Gentiane jaune peut atteindre un mètre et plus. Les feuilles de la première sont plus allongées, moins larges et d'un vert plus foncé. Les fleurs sont les organes les plus caractéristiques.

Les fleurs de la Gentiane jaune ont une corolle d'un jaune clair assez vif, découpée en lobes profonds, aigus, étalés, qui laissent voir à nu les autres organes, étamines et ovaire. Les fleurs de la Gentiane ponctuée ont une teinte jaune-verdâtre très pâle, un peu lavée, et sont toutes ponctuées de petites taches brunes très nettes. La corolle est en tube allongé, divisé à la partie supérieure en 6 lobes peu étalés, et elle ne laisse dépasser à l'extérieur que l'extrémité du style.

Les fruits, à la maturité, sont encore entourés du tube de la corolle desséchée, dans la Gentiane ponctuée, tandis que ceux de la Gentiane jaune sont nus.

Il est donc facile, d'après ces caractères, de différencier sûrement ces deux espèces que l'on rencontre fréquemment aux mêmes lieux. J'ai récolté moi-même, au Lautaret, cette plante, de façon à être absolument sûr des racines que j'aurais à analyser et je me suis fait expédier par la suite, un lot de tiges foliées, fleuries, pour avoir tous les points de comparaison avec la Gentiane jaune. Malheureusement, la perte de ce colis ne m'a pas permis d'essayer les tiges foliées de cette Gentiane.

On trouvera toutefois, à la fin du chapitre, un essai des graines dont j'avais pu récolter une centaine de grammes.

I. — RACINES.

On a traité à Paris, trois jours après leur récolte, 1.900 grammes de racines de Gentiane ponctuée arrachées le 23 août 1912.

Voici les résultats de l'essai à l'invertine et à l'émulsine :

Rotation initiale (l = 2).................	— 2°24'
Rotation après action de l'invertine......	— 5° 5'
Rotation après action de l'émulsine......	+ 38'
Sucre réducteur initial....................	0 gr.,379
Sucre réducteur après action de l'invertine	2 , 766
Sucre réducteur après action de l'émulsine	4 , 171

Sous l'action de l'invertine, on a constaté un recul de la déviation gauche de 2°41', avec formation de 2 gr.,387 de sucre réducteur, soit un indice de 889. Cet indice est plus élevé que tous ceux que l'on a observés jusqu'ici, mais sensiblement de même ordre : avec les racines de *Gentiana asclepiadea* L., par exemple, l'indice a été de 790. Ce que l'on doit retenir ici, c'est le recul, 2°41', faible si on le compare au recul observé avec les racines des autres Gentianes : 4°52', pour le *Gentiana Pneumonanthe* L. ; 5°43', pour le *G. asclepiadea* L. ; 6°28' pour le *G. cruciata* L. ; 9°12', pour le *G. lutea* L.

Il est probable que les racines de la Gentiane ponctuée renferment les mêmes principes que les racines des autres Gentianes, mais en quantité moindre.

De même, sous l'action de l'émulsine, le retour de la déviation a été faible, 5°43', avec formation de 1 gr.,405 de sucre réducteur, soit un indice de 245. L'émulsine a produit un retour de 10°10' pour le *Gentiana Pneumonanthe* L. ; 10°52' pour le *G. asclepiadea* L. ; 12° pour le *G. lutea* L. et 17°16' pour le *G. cruciata* L. Comme dans les autres cas, l'hydrolyse a d'abord été rapide : en 2 jours, il s'est fait un retour de 3°55' avec un indice de 133 ; puis elle s'est continuée lentement : dans les onze derniers jours, on a constaté un retour de 38' et un indice de 730.

Somme toute, malgré la faiblesse relative des changements produits sous l'action des ferments, il ressort nettement de cet essai que la composition des racines de Gentiane ponctuée doit être sensiblement la même que celle des racines des autres grandes Gentianes que nous venons d'étudier. On verra par l'extraction des principes immédiats qu'il en est bien ainsi.

Extraction de la gentiopicrine. — On a traité par l'éther acétique, selon le procédé de M. G. Tanret, l'extrait alcoolique provenant des 1.900 grammes de racines fraîches dont il a été question.

On a obtenu ainsi 17 grammes de gentiopicrine, soit un rendement de 9 grs environ par kilogramme, rendement encore assez important. La gentiopicrine recristallisée dans l'éther acétique présentait les propriétés suivantes :

$$\text{Pouvoir rotatoire: } \alpha_D = -196°,38$$
$$(p = 0{,}9806 ;\ v = 50 ;\ l = 2 ;\ \alpha = -7°42')$$

Sous l'action de l'émulsine, l'hydrolyse s'est faite rapidement et il s'est déposé de la gentiogénine cristallisée donnant la coloration bleue caractéristique de ce composé.

Extraction du gentianose. — On a suivi exactement le procédé indiqué pour l'extrait de *Gentiana asclepiadea* L. On a obtenu ainsi 12 grammes de produit cristallisé qu'on a purifié en le traitant d'abord par 250 cm³ d'alcool à 95°, puis par 180 cm³ d'alcool à 80°, en présence de noir animal. Le gentianose a cristallisé dans l'alcool à 80° ; on a reçueilli les cristaux, on les a séchés à l'air ; ils pesaient 4 gr.,50.

Pouvoir rotatoire : $\alpha_D = + 31°,35$.
($p = 0,3030$; $v = 15$; $l = 2$, $\alpha = + 1°16'$).

On avait donc bien affaire à du gentianose.

Extraction du saccharose. — Par repos des solutions alcooliques, il ne s'est fait aucune nouvelle cristallisation. Au bout d'un mois environ, on a réuni les deux liquides et on les a concentrés, par distillation au bain-marie, à un demi-volume. La cristallisation s'est faite très lentement : elle a demandé près de deux mois. On a recueilli les cristaux formés, et on les a laissés sécher à l'air. Ils étaient légèrement colorés en brun et pesaient 7 grammes. On a déterminé leur pouvoir rotatoire qu'on a trouvé égal à : $\alpha_D = + 53°,3$; on avait donc là une assez forte proportion de saccharose renfermant des impuretés, et un tiers environ de gentianose. On a traité ce produit par 200 cm^3 d'alcool à 95° à l'ébullition, en présence de noir animal. On a filtré la liqueur bouillante, et, par refroidissement, le saccharose n'a pas tardé à cristalliser. On l'a recueilli, lavé à l'alcool à 95° et on l'a laissé sécher à l'air. Il y en avait 2 gr.,60.

Pouvoir rotatoire : $\alpha_D = + 66°,46$.
($p = 0,3166$; $v = 25$; $l = 2$; $\alpha = + 1°41'$).

L'addition d'invertine à la solution ayant servi à déterminer le pouvoir rotatoire a produit l'hydrolyse rapide du sucre : la rotation a passé à gauche, en même temps que le liquide qui ne réduisait pas primitivement la liqueur de Fehling était devenu fortement réducteur. Pour un changement de rotation de 1°, il s'était formé 0 gr.,599 de sucre réducteur. C'était donc bien du saccharose.

Comme avec les racines de *Gentiana asclepiadea* L., on a donc réussi à obtenir à l'état pur et cristallisé la gentiopicrine, le gentianose et le saccharose.

Les résultats obtenus dans l'essai biochimique s'expliquent donc là encore d'une façon identique, et il est inutile de répéter les mêmes conclusions qu'on trouvera à la page 42.

II. — GRAINES.

Les graines ont été récoltées, au Lautaret, à la fin du mois d'août; on les a séparées au tamis des débris de fruits qui les souillaient : il y en avait 100 grammes. On appliqué la méthode biochimique à 10 grammes, réservant le reste à l'extraction des principes immédiats Voici les résultats de cet essai, résultats qui ont été ramenés à un extrait liquide dont 100 cm³ correspondaient à 100 grammes de graines.

Rotation initiale (l = 2)	— 2°
Rotation après action de l'invertine.....	— 5°12'
Rotation après action de l'émulsine	+ 24'
Sucre réducteur initial....................	0
Sucre réducteur après action de l'invertine	2gr.,160
Sucre réducteur après action de l'émulsine	3 , 128

Remarquons d'abord que les graines de Gentiane ponctuée ne renferment pas de sucre réducteur initial; ce fait est d'ailleurs assez fréquent dans les graines.

Sous l'action de l'invertine, on a constaté un recul de la déviation initiale gauche de 3°12', avec formation de 2 gr.,160 de sucre réducteur, soit un indice de 675 concordant bien avec celui du gentianose 673. Le recul est plus fort que celui que l'on a constaté pour les racines de la même plante.

Sous l'action de l'émulsine, le retour est à peu près le même que celui que l'on a observé dans l'essai des racines, 5°36' au lieu de 5°43' ; l'indice, par contre, est plus faible, 172 au lieu de 245 : pour un retour de 5°36', il y a eu formation de 0 gr.,968 de sucre réducteur.

Etant donné ce retour relativement élevé, on pouvait espérer obtenir la gentiopicrine de la faible quantité de graines que l'on avait encore à sa disposition, 90 grammes.

On en a fait un extrait par l'alcool bouillant et on a traité cet extrait, pesant 8 à 9 grammes, par l'éther acétique, suivant le procédé de M. G. Tanret : la gentiopicrine n'a pas cristallisé. Pour la caractériser dans l'extrait éthéro-acétique, on a eu recours aux réactions qu'elle donne par hydrolyse avec l'émulsine.

On a évaporé, à sec, sous pression réduite, l'éther acétique, et on a repris l'extrait obtenu par de l'eau thymolée. On a ajouté de l'émulsine ; sous l'action de ce ferment, en 2 jours, la rotation a passé de — 56' à + 4', soit un retour de 1°, en même temps qu'il s'était formé, pour 100 cm³, 0 gr.,111 de sucre réducteur, ce qui est, précisément, la quantité de sucre qu'aurait fournie la gentiopicrine, dans les mêmes conditions. En outre, on a essayé la réaction de la gentiogénine sur le produit qui s'était déposé au cours de l'hydrolyse : elle a été nettement positive.

En s'appuyant sur ces deux faits, et bien qu'on n'ait pas obtenu de produit cristallisé, on peut affirmer que le glucoside contenu dans les graines de la Gentiane ponctuée est bien de la gentiopicrine.

CHAPITRE VI.

Gentiane d'Allemagne (*Gentiana germanica* Willd.).

La Gentiane d'Allemagne (*Gentiana germanica* Willd.) est une Gentiane annuelle que l'on rencontre aussi bien dans les pâturages des plaines que da s ceux des montagnes, et cela jusqu'à une altitude de 2.700 mètres environ.

Sa racine est grêle et ne rappelle nullement les racines plus ou moins charnues des grandes espèces de ce genre.

Sa tige est dressée et atteint de trente à quarante centimètres de hauteur ; les feuilles sont étalées, de forme ovale allongée. Les fleurs sont pédonculées, nombreuses et serrées sur la tige, à l'aisselle des feuilles. La corolle est de couleur violacée, elle est en cloche et s'étale brusquement en cinq lobes aigus.

La Gentiane d'Allemagne fleurit en été et jusqu'au mois d'octobre. On la rencontre assez fréquemment aux environs de Paris et les plantes que j'ai analysées m'ont été envoyées de Jandun (Ardennes) par M. le professeur Em. Bourquelot, le 6 septembre 1909. Presque tous les échantillons étaient porteurs de leur petite racine grêle. D'un kilogramme de plantes, j'ai pu obtenir 50 grammes de racines, ce qui m'a permis de faire un essai séparé des racines et des tiges foliées.

I. — RACINES.

Voici les résultats de l'essai biochimique à l'invertine et à l'émulsine, qui a porté sur les racines séparées des tiges foliées dont il vient d'être question :

Rotation initiale (l = 2)................	— 4°35'
Rotation après action de l'invertine......	— 5°
Rotation après action de l'émulsine.......	+ 35'

Sucre réducteur initial..................	0 gr.,362
Sucre réducteur après action de l'invertine	0 , 830
Sucre réducteur après action de l'émulsine	1 , 660

Sous l'action de l'invertine, on a constaté un recul faible de la déviation gauche, 35', tandis qu'il se formait une quantité relativement forte de sucre réducteur, 0 gr.,468, ce qui donne un indice très élevé de 1121. L'indice qui se rapproche le plus de cette valeur dans tous les essais des racines de Gentianes, est celui de la Gentiane ponctuée, il est de 889.

Sous l'action de l'émulsine, on a observé un retour à droite de la déviation de 5°35', avec formation de 0 gr.,830 de sucre réducteur soit un indice de 148, qui est assez voisin de celui des racines de Gentiane Pneumonanthe, 155.

Etant donnée la faible proportion de racines que fournit la Gentiane d'Allemagne, je n'ai pu songer à tenter l'extraction de la gentiopicrine, mais, en s'appuyant sur le retour produit par l'émulsine et sur l'indice qu'on obtient, il est permis de penser que les racines de la Gentiane d'Allemagne renferment, elles aussi, de la gentiopicrine.

II. — TIGES FOLIÉES.

L'analyse a porté sur les tiges foliées dont on avait séparé les racines.

Voici les résultats que nous a donnés l'essai biochimique :

Rotation initiale (l = 2)................	+ 1°15'
Rotation après action de l'invertine......	+ 5'
Rotation après action de l'émulsine.......	+ 1° 8'

Sucre réducteur initial..................	1 gr.,520
Sucre réducteur après action de l'invertine	2 , 250
Sucre réducteur après action de l'émulsine	2 , 505

On remarquera tout d'abord que, dans cet essai, la rotation initiale est droite, tandis qu'avec les tiges foliées des Gentianes que nous avons étudiées, on a toujours obtenu des rotations initiales gauches, comprises entre — 7°36' et — 2°24'. Ce fait indique une différence de composition assez marquée.

Sous l'action de l'invertine, on a constaté une diminution de la rotation droite de 1°10', avec formation de 0 gr.,730 de sucre réducteur. En supposant que ce sucre réducteur soit du sucre interverti, il proviendrait de l'hydrolyse de 0 gr.,693 de saccharose. On aurait dû observer un changement de rotation de 1°12', au lieu de 1°10' : la concordance est suffisante pour qu'on puisse dire que les tiges foliées de la Gentiane d'Allemagne ne renferment que du saccharose.

Sous l'action de l'émulsine, la rotation droite a augmenté de 1°3', et il s'est formé 0 gr.,255 de sucre réducteur, soit un indice de 242. Ce faible retour de 63' et cet indice relativement élevé ne permettaient guère d'espérer arriver à l'extraction de la gentiopicrine. On a néanmoins essayé cette extraction sur un extrait alcoolique provenant de 750 grammes de tiges foliées fraîches, sans racines.

Pour cela, on a suivi exactement le procédé qui a été indiqué pour la préparation de la gentiopicrine des tiges foliées de la Gentiane Croisette (page 49). Ici, il a été impossible d'obtenir le glucoside à l'état cristallisé On a alors essayé son identification en s'appuyant sur son hydrolyse par l'émulsine, ainsi qu'on l'a déjà fait pour les graines de la Gentiane ponctuée (page 60).

Les éthers acétiques, provenant du dernier traitement de l'extrait, ont été évaporés, à sec, sous pression réduite ; on a repris le résidu par l'eau thymolée, et on a ajouté de l'émulsine. En deux jours, la rotation de la solution avait passé de — 2°36' à + 18', et il s'était fait 0 gr.,458 de sucre réducteur pour 100 cm³. L'indice que l'on obtient avec ces chiffres est de 158 et s'éloigne notablement de celui de la gentiopicrine, 111. En outre, on a essayé la réaction de la gentiogénine sur le produit qui s'était déposé pendant l'hydrolyse, et l'on n'a pas obtenu la coloration bleue caractéristique ; à peine s'est-il formé dans la liqueur une très légère teinte bleue.

Le glucoside hydrolysé dans cet essai n'est donc pas de la gentiopicrine

En résumé, l'essai biochimique nous permet de supposer l'existence de la gentiopicrine dans les racines de la Gentiane d'Allemagne, et d'affirmer qu'il existe un autre composé glucosidique dans les tiges foliées de cette même plante.

CHAPITRE VII.

Gentiane pourprée (*Gentiana purpurea* L.).

La Gentiane pourprée (*Gentiana purpurea* L.) doit être considérée comme une grande Gentiane. C'est une plante vivace, à grosse racine ayant le même port et sensiblement la même taille que la Gentiane ponctuée. Les fleurs sont surtout réunies au sommet de la tige ; il en existe seulement quelques-unes à l'aisselle des feuilles supérieures. Le calice est simple et fendu d'un côté jusqu'à la base ; la corolle est en cloche, d'un rouge sombre, pourpré à l'extérieur et un peu plus jaune à l'intérieur. Elle est divisée en 5 lobes arrondis.

La Gentiane pourprée croît dans les pâturages des zônes élevées, de 1.500 à 2.700 mètres. On ne la rencontre guère dans les Alpes françaises, et ce n'est qu'en Italie, aux environs de l'Hospice du Petit Saint Bernard, que se trouve la station qu'on peut atteindre le plus facilement.

Je n'ai pu me procurer qu'un seul échantillon de cette plante, et encore était-ce une plante cultivée que m'a fournie un horticulteur des environs de Genève.

Les résultats de l'essai biochimique sur cette plante cultivée sont les suivants :

Rotation initiale ($l = 2$)	— 5° 36'
Rotation après action de l'invertine	— 8°
Rotation après action de l'émulsine	+ 48'
Sucre réducteur initial	0 gr.,737
Sucre réducteur après action de l'invertine	2 , 127
Sucre réducteur après action de l'émulsine	4 , 215

Sous l'action de l'invertine, on a constaté un recul de 2°24', avec formation de 1 gr.,390 de sucre réducteur. En admettant que ce sucre réducteur soit du sucre interverti, cette quantité aurait été fournie par 1 gr.,316 de saccharose dont l'hydrolyse par l'invertine aurait produit un changement de rotation de 2°18'. Comme on a observé 2°24', la concordance est suffisante pour qu'il soit permis de penser que cette racine de Gentiane pourprée ne renfermait que du saccharose.

Sous l'action de l'émulsine, il y a eu un retour de la déviation de 8°48' avec formation de 2 gr.,088 de sucre réducteur. L'indice est de 237, assez voisin de celui que l'on obtient dans l'essai des racines des autres grandes Gentianes, et cela, malgré l'absence de gentianose. On ne peut donc pas dire si cette racine renfermait de la gentiopicrine, et, comme je n'avais à ma disposition qu'une seule plante, je n'ai pu tenter l'extraction de ce principe.

Il est bon de faire remarquer de nouveau que cet essai biochimique a été fait sur la racine d'une plante *cultivée*, et il se pourrait qu'en essayant une plante sauvage on trouvât des résultats qui ne concorderaient pas avec ceux que l'on vient d'obtenir.

CHAPITRE VIII.

Gentiane acaule (*Gentiana acaulis* L.).

Etude de la Gentiacauline.

La Gentiane acaule (*Gentiana acaulis* L.) est une plante vivace qui croît dans les pâturages des montagnes de 1.200 à 2.000 mètres d'altitude. On la rencontre également, à des altitudes moindres, dans les sols tourbeux.

C'est une petite plante qui se compose uniquement d'une racine grêle, portant au collet une rosette de feuilles d'un vert mat clair, molles, ovales, d'où s'élève une tige courte garnie seulement de deux paires de petites feuilles et terminée par une seule grande fleur bleue, dressée, de 4 à 6 centimètres de longueur, en tube à bords ondulés, divisé en 5 lobes courts. Cette fleur, d'un beau bleu, est fort jolie et attire l'œil ; sans cette circonstance, le *Gentiana acaulis* L. disparaîtrait au milieu de la végétation luxuriante des prairies montagneuses et passerait à peu près inaperçue, étant donnée sa petite taille.

La Gentiane acaule fleurit, dans les montagnes, pendant le mois de juillet. C'est à cette époque qu'elle a été récoltée au Lautaret, en 1910 ; elle a été traitée par l'alcool bouillant, à Paris, 2 jours après sa récolte.

On n'a pas cherché à essayer séparément les racines d'un côté et les feuilles et fleurs de l'autre. Voici les résultats de l'essai qui a porté sur la plante entière :

Rotation initiale (l = 2).....................	— 2°19'
Rotation après action de l'invertine.........	— 3°26'
Rotation après action de l'émulsine.........	+ 24'
Sucre réducteur initial.....................	1 gr.,294
Sucre réducteur après action de l'invertine..	1 , 793
Sucre réducteur après action de l'émulsine..	3 , 012

Sous l'action de l'invertine, on a constaté un recul de la déviation de 67' avec formation de 0 gr.,499 de sucre réducteur, ce qui donne un indice de 446, notablement inférieur à celui du saccharose, 603.

Sous l'action de l'émulsine, le retour a été de 3°50', et il s'est formé, en même temps, 1 gr.,219 de sucre réducteur. L'indice que l'on calcule, 318, est plus élevé que celui qu'on a obtenu jusqu'ici avec les autres Gentianes et semblerait indiquer qu'on ne se trouve pas en présence du même glucoside.

On a cherché à extraire ce glucoside en partant d'un extrait alcoolique provenant de 400 grammes de plantes fraîches. L'extrait a été traité par 250 cm³ d'alcool absolu, dans le but de mener les opérations comme on l'a déjà fait pour l'extrait des tiges foliées de Gentiane jaune (p. 37).

Par un repos de quelques jours, on a vu se faire, dans le liquide alcoolique, une abondante cristallisation d'un produit en aiguilles. On a continué l'épuisement de l'extrait par l'alcool à 95°, de façon à en séparer ce produit qui a cristallisé encore dans les liqueurs provenant de quatre nouveaux traitements à l'alcool. Finalement, on a recueilli tous les cristaux formés, on les a lavés à l'alcool et on les a fait sécher à l'air. Il y en avait 6 grammes, ce qui représente un rendement de 15 grammes par kilogramme de plante fraîche. On trouvera, à la fin du chapitre, l'étude de ce produit de nature glucosidique, que j'ai nommé *gentiacauline*.

Les liquides alcooliques séparés des cristaux de gentiacauline ont été évaporés à sec, sous pression réduite. On a repris l'extrait par l'eau distillée, et on a agité la solution avec de l'éther qui a dissous une matière grasse verte que la plante renfermait en assez forte proportion et qui avait passé en solution dans l'alcool. On a traité ensuite le liquide aqueux par l'extrait de saturne comme il est dit à la page 37. Finalement, on a obtenu un extrait pesant 17 grammes que l'on a traité, à trois reprises, par 100 cm³ d'éther acétique bouillant. Par refroidissement et repos, il ne s'est fait aucune cristallisation dans ces trois liquides. On les a réunis et concentrés aux quatre cinquièmes : la gentiopicrine n'a pas cristallisé.

On a évaporé à sec, on a repris par l'eau et on a filtré pour éliminer des substances insolubles ; on a évaporé le liquide à sec, sous pression réduite, et on a traité l'extrait pesant 1 gr.,50 environ par 50 cm³ d'éther acétique anhydre : cette fois encore, il ne s'est pas déposé de produit cristallisé.

Devant ces insuccès répétés, on a essayé de caractériser la gentiopicrine par ses propriétés vis-à-vis de l'émulsine, ainsi qu'on l'a déjà fait pour les graines de la Gentiane ponctuée et pour les tiges foliées de la Gentiane d'Allemagne.

Dans ce but, on a évaporé, les 50 cm³ d'éther acétique et on a repris le produit par de l'eau thymolée en quantité suffisante pour faire 50 cm³ ; on a dosé le sucre réducteur et on a examiné le liquide au polarimètre ; après quoi, on a ajouté de l'émulsine. Sous l'action du ferment, on a constaté, en 2 jours, un retour de la déviation vers la droite de 4°6', avec formation de 0 gr.,318 de sucre réducteur pour les 50 cm³, ce qui donne un indice de 155, assez éloigné de celui de la gentiopicrine, 111.

On a essayé aussi de caractériser, dans le produit déposé au cours de l'hydrolyse, la gentiogénine, par la coloration caractéristique qu'elle donne en présence de l'acide sulfurique. Alors qu'avec le produit provenant des essais faits sur diverses racines de Gentianes on obtient une coloration bleue rappelant, par son intensité, la liqueur de Fehling, il ne s'est développé ici qu'une légère teinte bleue, à peu près insignifiante.

Si la gentiopicrine existe dans le *Gentiana acaulis* L., elle ne s'y trouverait donc qu'en quantité infime, et il existe, dans cette plante, un autre glucoside hydrolysable par l'émulsine, glucoside qui est encore à extraire.

Revenons maintenant au produit cristallisé que nous avons obtenu par l'alcool à 95° et que nous avions laissé de côté.

LA GENTIACAULINE.

Préparation. — On a vu, précédemment, que l'on obtenait la gentiacauline cristallisée en traitant l'extrait alcoolique de *Gentiana acaulis* L. par l'alcool à 95c à l'ébullition. La gentiacauline cristallisait par refroidissement et repos. En partant de 400 grammes de plantes fraîches, on a obtenu 6 grammes de produit encore impur : la gentiacauline existe donc dans la Gentiane acaule en proportions assez fortes.

On a purifié le produit brut par cristallisation dans l'alcool. Il est difficilement soluble, même à l'ébullition, dans l'alcool à 95c, tandis que l'alcool à 80c le dissout abondamment. En utilisant l'alcool à 90c, à l'ébullition, on obtient une solution assez concentrée qui cristallise facilement par refroidissement. De 6 grammes de produit brut, on a pu retirer environ 3 gr., 50 de gentiacauline pure.

Propriétés physiques. — La gentiacauline est un corps cristallisé, d'une belle couleur jaune d'or, assez clair, et dont la saveur est plutôt sucrée. Au microscope, elle se présente sous la forme d'aiguilles très fines, réunies en faisceaux ; on reconnaît facilement que ces aiguilles sont colorées en jaune. La gentiacauline cristallise de l'alcool à 95c et à 90c à l'état anhydre. En effet, desséchée d'abord dans le vide sulfurique, puis à l'étuve à + 105°, elle ne perd pas sensiblement de poids. La gentiacauline n'a pas de point de fusion net : chauffée dans un tube capillaire, elle se rétracte brusquement à + 145° et commence à se décomposer à une température qui varie avec la vitesse de chauffe du bain-d'huile, mais qui est généralement comprise entre + 154° et + 160°.

La gentiacauline est lévogyre, et son pouvoir rotatoire, en solution aqueuse, a été trouvé égal à :

1° $\alpha_D = -63°,75$ ($p = 0,2000$; $v = 15$, $l = 2$; $\alpha = -1°42'$).

3° $\alpha_D = -63°,94$ ($p = 0,4692$; $v = 25$; $l = 2$; $\alpha = -2°24'$).

soit en moyenne : $\alpha_D = -63°,84$.

Etant donnés le peu de produit dont je disposais et l'impossibilité dans laquelle je me trouvais de me procurer de la Gentiane acaule, pour en préparer une nouvelle quantité, au moment où j'ai isolé la gentiacauline, je n'ai pu en déterminer la solubilité dans les différents dissolvants. On peut dire, cependant, que la gentiacauline est fort peu soluble dans l'alcool absolu et assez facilement soluble dans l'eau. Sa solubilité dans l'alcool aqueux augmente au fur et à mesure que diminue le titre alcoolique.

Propriétés chimiques. — En solution aqueuse, la gentiacauline est précipitée par l'extrait de saturne; la solution, par addition de ce produit, devient d'abord rouge orangé, puis il se forme un précipité faiblement coloré qui tombe au fond du du tube, tandis que le liquide reste coloré en rouge orangé. Le précipité, examiné au microscope, n'est pas cristallisé.

Le perchlorure de fer dilué au centième donne une coloration verte, assez peu stable. Si on emploie du perchlorure de fer plus concentré, au dixième, par exemple, on obtient une coloration gris sale, la teinte verte étant masquée par la coloration du réactif.

Par addition d'acide azotique nitreux à une solution de gentiacauline, il se forme une coloration rouge orangé.

La soude et l'ammoniaque avivent la teinte jaune pâle de la solution aqueuse qui est alors d'un beau jaune d'or.

La gentiacauline, en cristaux, présente également certaines réactions colorées :

Si, à de la gentiacauline en poudre, on ajoute 1 goutte d'acide sulfurique pur, il se produit une coloration jaune très vive que l'eau fait disparaître.

L'acide azotique nitreux donne une coloration rouge orangé vif, qui rappelle la teinte que l'on obtient en ajoutant à la solution le même réactif.

La gentiacauline réduit, à l'ébullition, la liqueur de Fehling. A froid, il se forme une teinte verte. Cette teinte provient de l'action de l'alcali sur la gentiacauline : la coloration jaune d'or produite s'allie à la teinte bleue de la liqueur cuivrique pour donner du vert. A l'ébullition, il se forme un oxydule de cuivre très léger qui ne se dépose pas; il serait donc impossible d'évaluer, par la méthode directe, la réduction produite En employant la méthode de Mohr, mise au point par M. G. Bertrand, on y arrive facilement. On a trouvé ainsi que 1 gr. de gentiacaline réduisait comme 0 gr.,2779 de glucose.

Action de l'acide sulfurique étendu. — L'acide sulfurique à 2 pour 100 hydrolyse la gentiacauline très facilement, ainsi que le montre l'expérience suivante :

On a dissous 0 gr.,4692 de gentiacauline dans quantité suffisante d'acide sulfurique à 2 pour 100 pour faire 50 cm³. La solution accusait, au tube de 2 décimètres, une rotation de — 1°12'. On a chauffé cette solution, en tube scellé au bain-marie. Dès que la température du bain-marie a atteint + 90°, on a vu le liquide se troubler, et il s'est formé un produit cristallisé en aiguilles jaune clair.

On a continué de chauffer pendant une heure au bain-marie bouillant ; après quoi, on a laissé refroidir et on a filtré pour séparer le produit de dédoublement qui avait cristallisé au cours de l'hydrolyse. J'appellerai ce produit *gentiacauléine.* On l'a lavé à l'eau distillée jusqu'à ce que les eaux de lavage ne précipitent plus par le chlorure de baryum, et on l'a fait sécher dans le vide sulfurique. 0 gr.,4692 de gentiacauline ont fourni 0 gr.,2200 de gentiacauléine, soit une proportion de 47,10 pour 100.

Le liquide séparé de la gentiacauléine et qui était jaune, avant hydrolyse, était devenu complètement incolore. Sa rotation avait passé de — 1°12' à + 20'. Il renfermait, pour 50 cm³, 0 gr.,250 de sucre réducteur exprimé en glucose, ce qui indique que la gentiacauline fournit, par hydrolyse, une proportion de 53,28 pour 100 de sucre réducteur.

En additionnant la proportion de gentiacauléine et celle de sucre réducteur, on trouve 100,38 pour 100; il était donc à prévoir que l'hydrolyse était terminée. Néanmoins, on a chauffé le liquide de nouveau, en tube scellé, au bain-marie bouillant, pendant trois heures. Il ne s'est formé aucun nouveau précipité; le liquide ne s'est pas coloré ; sa rotation est restée + 20'; la quantité de sucre réducteur n'a pas augmenté : l'hydrolyse était donc terminée en une heure.

On étudiera, à la fin du chapitre, d'une part la gentiacauléine et, d'autre part, le sucre réducteur formé au cours de l'hydrolyse par l'acide sulfurique à 2 pour 100.

Action de l'émulsine. — La gentiacauline n'est pas hydrolysée par l'émulsine des amandes.

A 10 cm^3 d'une solution aqueuse de gentiacauline à 1 gr.,3333 pour 100 cm^3 on a ajouté 10 cm^3 d'une solution aqueuse d'émulsine à 5 pour 100. Le mélange accusait, au tube de 2 décimètres, aussitôt après sa préparation, une rotation de — 1°. On l'a placé pendant 2 jours à l'étuve à + 33° ; après quoi, on l'a laissé refroidir, et on a pris de nouveau la déviation.

Elle était encore de — 1° : l'émulsine est donc sans action sur la gentiacauline.

Je n'ai pas cherché, jusqu'ici, à savoir si les ferments de l'*Aspergillus niger* ou de la levûre basse séchée à l'air pouvaient hydrolyser la gentiacauline.

Analyse élémentaire. — *Essai cryoscopique.* — L'analyse élémentaire a été faite en utilisant l'appareil électrique de MM. Breteau et Leroux. Elle a donné les résultats suivants :

0 gr.,23175 de gentiacauline ont donné 0 gr.,1170 d'eau et 0 gr.,4410 d'acide carbonique, soit :

$$H = 5,60 \text{ pour } 100 \text{ et } C = 51,89 \text{ pour } 100.$$

La détermination du poids moléculaire par la cryoscopie a été faite en solution aqueuse :

1. Gentiacauline = 0 gr.,9459 ; eau = 24 gr.,3667 ; Δ = 0°,065.

$$M = 18,5 \times \frac{3,8819}{0,065} = 1104.$$

2. Gentiacauline = 0 gr.,4692 ; eau = 24 gr.,6348 ; Δ = 0°,0325.

$$M = 18,5 \times \frac{1,9045}{0,0325} = 1064.$$

Ces résultats permettent de proposer, sous toutes réserves d'ailleurs, pour la gentiacauline, la formule brute $C^{47}H^{60}O^{29}$.

	Calculé pour $C^{47}H^{60}O^{20}$	Trouvé	
	—	—	
Poids moléculaire...........	1088	1104	1064
C pour 100.................	51,83	51,89	
H pour 100.................	5,51	5,60	
O pour 100.................	42,66	42,51	

Produits de dédoublement de la gentiacauline. — On a hydrolysé, par l'acide sulfurique à 2 pour 100, 1 gr.,50 de gentiacauline. Après une heure de chauffe, au bain-marie bouillant, l'hydrolyse étant terminée, on a filtré, ce qui a séparé, d'une part, la gentiacauléine cristallisée et, d'autre part, une solution aqueuse du sucre réducteur.

1° *Gentiacauléine.* — La gentiacauléine obtenue comme on vient de l'indiquer, a été lavée à l'eau distillée jusqu'à élimination complète de l'acide sulfurique, puis séchée à l'étuve à + 33°. Pour la purifier, on l'a dissoute dans une faible quantité d'alcool absolu, et on l'a précipitée par addition de vingt volumes d'eau distillée. On l'a recueillie sur un filtre, lavée à l'eau et séchée, d'abord à l'étuve à + 33°, puis à l'étuve à + 105°.

La gentiacauléine est un corps cristallisé, d'une couleur jaune plus claire que celle de la gentiacauline. Au microscope, elle se présente, comme cette dernière, en longues aiguilles groupées en faisceaux et rappelant parfois les aiguilles de la glucosazone.

Chauffée à + 105°, elle n'a pas perdu sensiblement de poids; elle cristallise donc à l'état anhydre.

La gentiacauléine, chauffée dans un tube capillaire se rétracte à + 172° et fond vers + 177° en un liquide jaune foncé qui cristallise, par refroidissement, en aiguilles légèrement brunâtres.

On a trouvé, au bloc Maquenne, un point de fusion instantané de + 173°, qui semble correspondre à la contraction que l'on a observée au tube capillaire.

La gentiacauléine est insoluble dans l'eau, ainsi qu'on l'a vu d'après son mode de préparation et de purification. Elle est facilement soluble dans l'alcool, et l'addition d'eau à sa solution alcoolique amène sa précipitation ; il en est de même pour sa solution dans l'acide acétique.

Elle est soluble dans l'éther en donnant une solution d'un beau jaune. Elle se dissout dans la soude diluée ainsi que dans l'ammoniaque. La solution dans la soude est jaune brun, tandis que la solution ammoniacale est jaune d'or.

Si on ajoute à une solution éthérée de gentiacauléine une solution de soude diluée, l'éther se décolore et la gentiacauléine passe en solution dans la liqueur alcaline qui devient jaune brun.

D'après ces propriétés, on peut dire que la gentiacauléine est un corps à fonction phénol.

L'acide sulfurique donne avec la gentiacauléine en poudre une coloration jaune vif qui est identique à celle que produit le même réactif sur la gentiacauline. Il en est de même de la coloration rouge orangé qui se forme au contact de l'acide azotique nitreux.

L'analyse élémentaire de la gentiacauléine a été faite, comme celle de la gentiacauline, avec l'appareil électrique de MM. Breteau et Leroux. Elle a donné les résultats suivants :

0 gr.,1808 de gentiacauléine ont donné 0 gr.,0720 d'eau et 0 gr.,4103 d'acide carbonique, soit :

$$H = 4{,}42 \text{ pour } 100 \text{ et } C = 61{,}88 \text{ pour } 100.$$

On n'a pas pu déterminer, jusqu'ici, le poids moléculaire de la gentiacauléine.

2° *Sucre de gentiacauline.*— Le liquide débarrassé de la gentiacauléine, par filtration, a été neutralisé par le carbonate de calcium. On a filtré le liquide neutre qui a servi à faire quelques réactions.

Par addition d'acide chlorhydrique concentré et d'un peu de phloroglucine, on a obtenu, en chauffant, la coloration violet rouge caractéristique des *pentoses*. De même, dans l'essai à l'orcine en présence d'acide chlorhydrique, il s'est développé la coloration violet bleu que donnent les pentoses.

Si on calcule le pouvoir rotatoire du sucre formé par hydrolyse en s'appuyant sur la rotation du liquide et sur sa teneur en sucre réducteur, on trouve, avec les chiffres donnés plus haut (page 72) ($\alpha = + 20'$ et sucre réducteur 0 gr.,500 pour 100 cm^3) $\alpha_D = + 16°,66$. Ce pouvoir rotatoire faible exclut la présence de l'arabinose dont le pouvoir rotatoire est + 105° ; il fait penser à la présence du xylose qui possède un pouvoir rotatoire de + 18°,9.

On essayé d'extraire ce sucre ; pour cela, on a évaporé à sec ce qui restait de la liqueur neutralisée par le carbonate de calcium et on a repris le résidu par l'alcool absolu bouillant. On a filtré le liquide à l'ébullition, et, par refroidissement, il s'est formé des cristaux que l'on a recueillis.

On a obtenu seulement 0 gr.,06 de produit cristallisé dont on a essayé de déterminer le pouvoir rotatoire.

On a trouvé un pouvoir rotatoire voisin de + 25°, c'est-à-dire légèrement plus élevé que celui du xylose : néanmoins il est permis de penser, jusqu'à ce que la caractérisation soit faite avec certitude, qu'il existe du xylose dans la molécule de la gentiacauline.

C'est le second glucoside renfermant du xylose que l'on rencontre dans la famille des Gentianées. Le premier a été trouvé par M. G. Tanret dans la racine de Gentiane jaune, c'est la *gentiine*. La gentiacauline diffère nettement de la gentiine ; elle est soluble dans l'eau, tandis que la gentiine est insoluble dans ce véhicule.

En résumé, j'ai isolé du *Gentiana acaulis* L. (plante entière) à l'état pur et cristallisé, un glucoside nouveau, la *gentiacauline*.

La gentiacauline cristallise à l'état anhydre de l'alcool à 95° et à 90°. Elle est lévogyre et son pouvoir rotatoire, en solution aqueuse, est $\alpha_D = - 63°,84$. Elle n'a pas de point de fusion net. Elle réduit la liqueur de Fehling à l'ébullition ; 1 gramme de gentiacauline réduit comme 0 gr.,2779 de glucose.

La gentiacauline n'est pas hydrolysée par l'émulsine. L'acide sulfurique à 2 pour 100 l'hydrolyse facilement à + 90°, et il se forme de la *gentiacauléine*, produit cristallisé, insoluble dans l'eau, à fonction phénol et un sucre réducteur donnant les réactions des pentoses et qu'on peut considérer, comme du xylose.

L'étude de la gentiacauline et de ses produits de dédoublement est encore bien incomplète, mais j'ai l'intention de la continuer dès que je pourrai me procurer, en quantité suffisante, la matière première nécessaire à la préparation de ce glucoside, c'est-à-dire le *Gentiana acaulis* L.

CHAPITRE IX.

Gentiana nivalis L. — *Gentiana campestris* L. *Gentiana tenella* Rottbel.

Ces trois espèces du genre *Gentiana* sont de petites plantes, annuelles toutes les trois, contrairement à la majeure partie des espèces de ce genre poussant dans les montagnes, et qui sont toutes vivaces par leurs racines charnues.

Il était intéressant de savoir si, en essayant ces petites espèces, dont l'aspect ne rappelle en rien celui des autres Gentianes, on retrouverait des résultats du même ordre que ceux que nous ont fournis les plantes que nous venons de passer en revue. C'est pourquoi, pendant mon séjour au Lautaret, je me suis efforcé d'en récolter une centaine de grammes, quantité nécessaire à un essai biochimique. J'y ai réussi pour les trois espèces dont il va être question ; mais, par exemple pour le *Gentiana bavarica* L., je n'ai pu en recueillir qu'une dizaine de grammes ; l'essai de cette plante n'a donc pu être fait.

La Gentiane des neiges (*Gentiana nivalis* L.) possède une tige grêle, dressée, de 3 à 10 centimètres de hauteur, garnie de feuilles sans pétiole, ovales, opposées et disposées en rosette à la base. La tige est ramifiée, et chaque rameau est terminé par une fleur allongée, d'un bleu vert. La fleur se compose de 5 pétales très effilés et d'une corolle en tube allongé, étalée, au sommet, en 5 lobes courts.

La Gentiane des neiges fleurit dans le courant du mois d'août ; elle croît au bord des torrents, dans les pâturages humides où elle se trouve mélangée à la Gentiane délicate (*Gentiana tenella* Rottbel).

Celle-ci est très fluette, et sa taille atteint très rarement 5 centimètres. La tige est très fine, dressée, simple ou ramifiée dès la base ; les feuilles sont petites, à pétioles courts ou sessiles. Ce qui permet surtout de la différencier de la précédente, ce sont ses fleurs. Les fleurs sont petites, bleues, isolées au sommet de très fins pédoncules 4 à 10 fois plus longs que la fleur et plus longs même que la tige qui n'a qu'un ou deux centimètres. Le calice est fortement divisé en 4 ou 5 lobes, et la corolle est en coupe à 4 lobes ovales.

Il est assez difficile, étant donnée la taille de ces deux Gentianes, de les différencier pendant la récolte. La méthode la plus simple est de les cueillir toutes les deux ensemble et d'examiner, au laboratoire, chaque échantillon afin de le déterminer sûrement.

La Gentiane champêtre (*Gentiana campestris* L.) est plus grande que les deux premières et croît dans les parties moins humides des pâturages. Par son aspect, elle rappelle assez bien la Gentiane d'Allemagne, mais elle est un peu plus petite que cette dernière.

Sa tige est dressée, de 5 à 15 centimètres de hauteur, anguleuse, ramifiée dès la base, à feuilles d'un vert sombre, ovales, étroites. Les rameaux sont tous terminés par des fleurs de couleur lilas, à long pédoncule. Le calice est formé de 4 sépales dont deux plus grands, la corolle est en cloche, barbue à l'orifice du tube et s'étale brusquement en quatre lobes ovales.

Ces trois espèces ont été cueillies, au Lautaret, le 16 août 1912 et ont été traitées, à Paris, par l'alcool bouillant, trois jours après leur récolte.

Les résultats fournis par l'essai biochimique ont été réunis dans le tableau suivant :

	G. nivalis	G. tenella	G. campestris
Rotation initiale (l = 2)	— 1°26'	— 53'	— 2°41'
Rotation après action de l'invertine	— 3°31'	— 3°41'	— 3°22'
Rotation après action de l'émulsine	+ 2°35'	+ 1°26'	+ 1°26'
Sucre réducteur initial	1gr.,781	1gr.,483	1gr.,052
Sucre réducteur après l'invertine	2 , 837	3 , 144	1 , 595
Sucre réducteur après l'émulsine	4 , 904	4 , 172	2 , 848

1° *Gentiana nivalis* L. — Sous l'action de l'invertine, on a constaté un recul de la déviation de 2° 5' avec formation de 1 gr.,056 de sucre réducteur, soit un indice de 503, plus faible que celui du saccharose et qui permet d'affirmer l'absence d'un sucre de l'ordre du gentianose.

Sous l'influence de l'émulsine, on a obtenu un retour important de 6° 6', avec formation de 2 gr.,067 de sucre réducteur, soit un indice de 338. Ici encore, l'hydrolyse a été rapide au début avec un indice relativement faible : 4° 57' en deux jours et un indice de 256, puis elle s'est ralentie et l'indice s'est élevé très fortement, puisque, pour un retour de 1° 9', on a obtenu un indice de 683.

On a essayé la réaction de la gentiogénine sur le produit qui s'était déposé au cours de l'hydrolyse par l'émulsine, mais on n'a pu obtenir la coloration bleue. Le glucoside décelé dans le *Gentiana nivalis* L. par l'essai à l'émulsine n'est donc pas de la gentiopicrine. En outre, l'augmentation de l'indice au cours de l'hydrolyse par l'émulsine semble montrer que le ferment a agi au moins sur deux principes différents, sans pouvoir préjuger en rien si l'un de ces principes est un hydrate de carbone, comme pour la plupart des Gentianes.

2° *Gentiana tenella* Rottbel — Sous l'action de l'invertine, le recul de la déviation a été de 2°48', en même temps qu'il s'était formé 1 gr.,661 de sucre réducteur. En supposant que le sucre formé est du sucre interverti, cette quantité provient de l'hydrolyse de 1 gr.,577 de saccharose, et on calcule qu'on aurait dû observer un recul de la déviation de 2° 45' au lieu de 2° 48'. La concordance est donc suffisante, et l'on peut dire que le *Gentiana tenella* Rottbel ne renferme que du saccharose comme sucre hydrolysable par l'invertine.

Sous l'action de l'émulsine, le retour a été un peu moins important que pour le *Gentiana nivalis* L., 5°7' au lieu de 6°6'. L'indice a été très différent, 200, au lieu de 338 : pour 5°7' de retour, on a constaté qu'il s'était formé 1 gr.,028 de sucre réducteur. En outre, l'indice a été le même pendant toute la durée de l'hydrolyse.

Le glucoside hydrolysé, de même que dans le cas précédent,

n'est pas la gentiopicrine, l'essai de la réaction de la gentiogénine ayant été négatif.

3° *Gentiana campestris* L. — Sous l'action de l'invertine, on a observé un faible recul de la déviation gauche, 41', avec formation d'une proportion relativement élevée de sucre réducteur, 0 gr.,543, ce qui donne un indice de 794, indice se rapprochant beaucoup de ceux que l'on a eu l'occasion de rencontrer assez fréquemment au cours des essais d'autres plantes du même genre.

Le retour produit par l'émulsine est plus faible qu'avec les deux premières espèces, 4° 48', et l'indice a une valeur qui le place entre ceux que l'on a trouvé pour le *Gentiana nivalis* L., 338, et pour le *Gentiana tenella* Rottbel, 200 : il est de 261 (sucre réducteur formé : 1 gr.,253). La valeur de cet indice est restée sensiblement la même au cours de l'hydrolyse, sauf dans les huit derniers jours, où, pour un retour de 20', il s'est élevé à 423.

Etant donné que, sous l'action de l'invertine, on a obtenu des résultats analogues à ceux que donnent les grandes Gentianes, on doit penser ici à la présence du gentianose, et l'indice de 423 trouvé à la fin de l'hydrolyse par l'émulsine s'expliquerait par la présence du gentiobiose formé précédemment au cours de l'action de l'invertine.

On a essayé également de caractériser la gentiogénine dans le produit qui s'était déposé pendant l'hydrolyse. De même qu'avec les deux premières Gentianes, le résultat a été négatif : le *Gentiana campestris* L. ne renferme donc pas non plus de gentiopicrine.

En résumé, les trois petites Gentianes que nous venons d'examiner renferment, toutes les trois, une assez forte proportion d'un principe de nature glucosidique qui n'est pas celui que l'on a rencontré, ou dont on a signalé la présence dans les autres espèces du même genre botanique. Malgré les indices différents que l'on a calculés, on doit penser qu'on a à faire, dans ces trois cas, au même principe. En effet, au début de l'hydrolyse par l'émulsine, la valeur de l'indice se rapproche de 200, et si elle s'élève par la suite, c'est que l'émulsine hydrolyse un autre produit (sans doute un hydrate de carbone ?).

Il est intéressant de signaler ici que, dans le genre *Gentiana*, on n'a pas pu déceler la présence de la gentiopicrine dans quatre espèces seulement, *Gentiana acaulis* L., *nivalis* L., *tenella* Rottbel et *campestris* L., espèces assez différentes d'ailleurs des autres au point de vue de l'aspect général.

Nous allons voir, par contre, dans la deuxième partie, que la gentiopicrine existe dans deux autres genres de la même famille.

Afin que l'on puisse comparer plus facilement les résultats obtenus au cours des essais biochimiques des diverses Gentianes dont il vient d'être question dans la première partie, j'ai réuni ces résultats dans les deux tableaux suivants, le premier comprenant les essais des racines, et le second les essais des tiges foliées. On ne trouvera pas, dans ces tableaux, les essais des *Gentiana nivalis* L., *acaulis* L., *tenella* Rottbel et *campestris* L, ces essais ayant été faits sur la plante entière.

Tableau I. — Racines.

	G. lutea	G. asclepiadea	G. cruciata	G. Pneumonanthe	G. punctata	G. purpurea	G. germanica
Rotation initiale (l=2)	— 2°29'	— 3°43'	— 7°12'	— 6°34'	— 2°24'	— 5°36'	— 4°35'
Rotation après invertine	— 11°41'	— 9°26'	— 13°40'	— 11°26'	— 5° 5'	— 8°	— 5°
Rotation après émulsine	+ 19'	+ 1°26'	+ 3°36'	— 1°16'	+ 38'	+ 48'	+ 35'
Sucre réducteur initial	0,778	0,544	1,039	1,081	0,379	0,737	0,362
Sucre réducteur après invertine	7,492	5,062	5,599	5,293	2,766	2,127	0,830
Sucre réducteur après émulsine	9,776	7,408	9,360	6,874	4,171	4,215	1,660
Par invertine :							
Recul	9°12'	5°43'	6°28'	4°52'	2°41'	2°24'	25'
Sucre réducteur	6,714	4,518	4,560	4,212	2,387	1,390	0,468
Indice	730	790	705	865	889	579	1121
Par émulsine :							
Retour	12°	10°52'	17°16'	10°10'	5°43'	8°48'	5°35'
Sucre réducteur	2,284	2,346	3,761	1,581	1,405	2,088	0,830
Indice	190	215	217	155	245	237	148

Tableau II. — Tiges foliées.

	G. lutea	G. asclepiadea	G. cruciata	G. Pneumonanthe	G. germanica
Rotation initiale (l=2)	— 2°50'	— 5°24'	— 2°24'	— 7°36'	+ 1°15'
Rotation après invertine	— 5° 7'	— 7°48'	— 3°22'	— 8°14'	+ 5'
Rotation après émulsine	+ 3°24'	+ 2°42'	+ 2°14'	— 2°	+ 1° 8'
Sucre réducteur initial	2,226	1,749	1,358	1,453	1,520
Sucre réducteur après invertine	3,850	2,731	2,232	2,812	2,250
Sucre réducteur après émulsine	5,756	4,975	3,720	4,068	2,505
Par invertine :					
Recul	2°17'	2°24'	58'	38'	1°10'
Sucre réducteur	1,624	1,582	0,874	1,359	0,730
Indice	706	654	904	2145	625
Par émulsine :					
Retour	8°41'	10°30'	5°36'	6°14'	1°3'
Sucre réducteur	1,906	2,244	1,488	1,256	0,255

DEUXIÈME PARTIE.

Etude des genres autres que le genre « Gentiana ».

CHAPITRE PREMIER.

Chlore perfoliée (*Chlora perfoliata* L.)

La Chlore perfoliée est une petite plante annuelle que l'on rencontre çà et là dans les pâturages calcaires et le plus souvent arides, pâturages qui se trouvent aux lisières des bois ou des forêts

Sa tige peut atteindre de 20 à 50 centimètres de hauteur environ ; elle est glabre et dressée. Les feuilles radicales sont obovales, disposées en rosette, les caulinaires sont opposées, largement ovales et soudées autour de la tige qui semble ainsi les traverser. Elles sont d'un vert glauque, comme toute la plante d'ailleurs.

Ses fleurs sont disposées en cymes dichotomes terminales. La corolle est assez grande, jaune, ouverte en coupe.

L'aspect de cette plante est tout à fait caractéristique, et permet de la trouver facilement, là où elle se rencontre.

M. G. Bonnier signale qu'on emploie parfois la Chlore perfoliée comme tonique et fébrifuge (1), et, de fait, tous ses organes possèdent une saveur amère très prononcée.

On a récolté cette plante, pour le premier essai biochimique, à Viarmes, le 6 août 1909. La récolte n'a été que de 125 grammes de plantes entières, c'est-à-dire avec leurs racines qui sont d'ailleurs très petites.

Elles ont été traitées par l'alcool bouillant le jour même de leur récolte.

On trouvera, ci-dessous, les résultats de l'essai biochimique sur la plante entière :

Rotation initiale (l = 2)	— 5°46'
Rotation après action de l'invertine	— 6°26'
Rotation après action de l'émulsine	+ 5'
Sucre réducteur initial	0 gr.,516
Sucre réducteur après action de l'invertine.	1 , 423
Sucre réducteur après action de l'émulsine.	2 , 178

Sous l'action de l'invertine, il s'est fait une augmentation de la rotation gauche de 40', avec formation de 0 gr.,907 de sucre réducteur, soit un indice de 1380. Cet indice est beaucoup plus élevé que la plupart de ceux que l'on a observés jusqu'ici; il n'y a qu'avec les tiges foliées de la Gentiane Pneumonanthe qu'on a obtenu un indice plus fort, 2145. Si le sucre hydrolysé n'avait été, par exemple, que du saccharose, on aurait constaté, pour une formation de 0 gr.,907 de sucre interverti, un changement de rotation de 90'. On peut donc dire que la Chlore perfoliée renferme, probablement à côté du saccharose, un autre sucre hydrolysable par l'invertine.

Sous l'action de l'émulsine, on a observé un retour de la déviation vers la droite de 6° 31', avec formation de 0 gr.,755 de sucre réducteur.

L'indice est de 116, tout à fait voisin de l'indice de la gentiopicrine, 111. Les résultats sont donc tels qu'on était fondé à

(1) G. Bonnier et G. de Layens. — Nouvelle flore pour la détermination facile des plantes sans mots techniques (8e édition, Paris, p. 236).

supposer l'existence de la gentiopicrine dans la Chlore perfoliée, et cela, en notables proportions ; d'après ces chiffres, elle devrait en renfermer, à l'état frais, environ 15 grammes par kilogramme.

On a cherché à isoler ce glucoside. Mais ce n'est qu'à la fin du mois de septembre de la même année qu'on a pu reprendre les recherches, n'ayant réussi à retrouver la plante qu'à cette époque, et aux environs de Richelieu, en Indre-et-Loire, grâce aux indications que mon père m'avait fournies.

La Chlore perfoliée était alors très avancée : les fruits étaient arrivés à maturité et les tiges commençaient à se dessécher. Les plantes récoltées le 22 septembre 1909 furent mises à sécher ; après dessiccation totale, elles avaient perdu 59 pour 100 de leur poids.

C'est avec ce produit sec que, pour la première fois, nous avons obtenu, M. Bourquelot et moi, la gentiopicrine cristallisée de la Chlore perfoliée (1). Je ne veux pas ici reproduire ces essais qui ont été faits sur la plante sèche, ce qui sortirait du cadre de mon travail.

La présence de la gentiopicrine étant démontrée dans la Chlore perfoliée, plante entière, on pouvait se demander si ce principe existait soit dans les racines, soit dans les tiges, soit dans les deux organes. C'est pour résoudre cette question que, l'année suivante, je suis retourné récolter la Chlore perfoliée à Viarmes, le 10 juillet, et que je m'en suis fait expédier de Richelieu, le 8 juillet. Les plantes de ces deux origines étaient déjà en fleurs.

On a séparé avec soin les racines des tiges foliées, de façon à pouvoir faire des essais comparatifs.

I. — RACINES.

Les racines de la Chlore perfoliée sont très petites ; c'est ainsi que 430 grammes de plantes entières cueillies à Viarmes n'ont fourni que 15 grammes de racines et que 385 grammes

(1) Em. Bourquelot et M. Bridel. — Sur la présence de la gentiopicrine dans la Chlore perfoliée (*Chlora perfoliata* L.). (*Journ. de Pharm. et de Chim.*, (7), I, p. 109, 1910).

de plantes entières provenant de Richelieu en ont fourni 20 grammes. Etant donnée la faible proportion de ces organes par rapport à la plante entière, on devait penser que la majorité des principes immédiats devaient se trouver non pas dans les racines, mais bien dans les tiges foliées.

Voici les résultats des essais biochimiques dont l'un a été effectué sur les racines des plantes cueillies à Viarmes et l'autre sur les racines des plantes cueillies à Richelieu. Les chiffres ont été ramenés à un extrait liquide dont 100 cm³ correspondaient à 100 grammes de racines, de façon à ce qu'on puisse les comparer avec les résultats de tous les autres essais :

	RICHELIEU 8 juillet 1910 —	VIARMES 10 juillet 1910 —
Rotation initiale (l = 2)	— 1°36'	— 2°
Rotation après action de l'invertine	— 2°	— 2°36'
Rotation après action de l'émulsine	= 0	— 18'
Sucre réducteur initial	0 gr.,306	0 gr.,268
Sucre réducteur après action de l'invertine	0 , 726	0 , 915
Sucre réducteur après action de l'émulsine	1 , 032	1 , 384

On voit que, dans l'ensemble, les résultats obtenus avec ces deux racines d'origine différente sont sensiblement les mêmes, les racines de Viarmes renfermant seulement une proportion un peu plus forte de principes immédiats.

Sous l'action de l'invertine, ces racines ont donné en effet une augmentation de la rotation gauche de 36', avec formation de 0 gr.,647 de sucre réducteur, et celles de Richelieu une augmentation de 24', avec formation de 0 gr.,420 de sucre réducteur. Les indices sont, à peu de chose près, les mêmes, 1075 et 1050. Ils sont très élevés et rappellent celui que l'on a obtenu avec la plante entière. Le sucre inconnu dont on a déjà soupçonné la présence doit donc se retrouver ici.

Sous l'action de l'émulsine, les racines de Viarmes ont subi un retour de la déviation de 2° 18' et celles de Richelieu de 2°. Les indices sont, par contre, assez différents, 203 et 153 (sucre réducteur formé : 0 gr.,469 dans le premier cas et 0 gr.,306 dans le second).

Si on compare ce retour avec celui qu'a donné la plante entière, on trouve que les racines doivent renfermer environ trois fois moins de principe hydrolysable par l'émulsine que les tiges foliées.

L'essai des tiges foliées va nous montrer qu'il en est bien ainsi.

II. — TIGES FOLIÉES.

On a fait de même un essai avec les plantes cueillies à Viarmes et un autre avec les plantes cueillies à Richelieu.

	RICHELIEU 8 juillet 1910	VIARMES 10 juillet 1910
Rotation initiale (l = 2)	— 4° 4'	— 5°50'
Rotation après action de l'invertine	— 4°26'	— 6°24'
Rotation après action de l'émulsine	+ 50'	+ 1°12'
Sucre réducteur initial	0 gr.,344	0 gr.,501
Sucre réducteur après action de l'invertine	1 , 059	1 , 372
Sucre réducteur après action de l'émulsine	1 , 814	2 , 359

On retrouve, en étudiant les tiges foliées, les différences qui existent avec les racines, mais plus accentuées, surtout pour ce qui est de l'action de l'émulsine.

Sous l'action de l'invertine, les tiges foliées de Viarmes ont donné un changement de rotation de 34' avec formation de 0 gr.,871 de sucre réducteur, et celles de Richelieu, un changement de 22', avec formation de 0 gr.,715 de sucre réducteur. Les indices sont encore plus élevés que ceux que les racines ont donnés, 1537 et 1499. Il est bon de rappeler qu'avec la plante entière, on a obtenu un indice de 1380, qui se trouve situé entre celui que donnent les racines, 1075 et celui des tiges foliées, 1537 (plantes cueillies à Viarmes).

Jusqu'ici, la différence entre la composition des deux plantes est minime, mais elle va s'accentuer.

En effet, sous l'action de l'émulsine, on a observé avec la Chlore perfoliée cueillie à Viarmes un retour de la déviation de 7°36', avec formation de 0 gr.,987 de sucre réducteur, soit un indice de 129, encore assez près de celui de la gentiopicrine, 111. Le retour est plus important qu'avec la plante entière de même provenance, 7° 36' au lieu de 6° 31' ; ce fait s'explique par la présence dans la plante entière d'une certaine proportion de racines, qui, on l'a vu, ne renferment que peu de principes immédiats, et diminuent, par conséquent, le retour produit par l'émulsine.

La Chlore perfoliée, cueillie à Richelieu, n'a donné, sous l'action de ce ferment, qu'un retour de 5°16', avec formation de 0 gr. 755 de sucre réducteur, soit un indice de 143, encore plus éloigné de celui de la gentiopicrine que l'indice obtenu avec la Chlore de Viarmes.

On doit remarquer ici la différence entre la composition de ces deux plantes, récoltées à la même époque, différence qui doit tenir probablement au terrain sur lequel elles ont poussé.

Ce qu'on peut retenir de cet essai comparatif, c'est que si on veut préparer la gentiopicrine avec la Chlore perfoliée, il sera inutile de s'astreindre à arracher les racines qui n'en renferment que très peu, et que, pour le cas qui nous occupe, il sera préférable de traiter la plante qui pousse à Viarmes et qui en contient plus que la plante qui pousse à Richelieu.

Extraction de la gentiopicrine. — On a traité par l'alcool bouillant 350 grammes de tiges foliées de Chlore perfoliée, cueillie à Viarmes, en même temps que celle qui a servi à l'essai biochimique, le 10 juillet 1910.

On a obtenu ainsi un extrait alcoolique, pesant 25 grammes, auquel on a appliqué le procédé que M. G. Tanret a indiqué pour la racine de Gentiane jaune et que j'ai suivi pour l'extraction de la gentiopicrine des racines de toutes les Gentianes que j'ai essayées. J'ai obtenu ici, avec la même facilité, la gentiopicrine cristallisée.

Les 350 grammes de tiges foliées en ont fourni 2 grammes soit un rendement de près de 6 grammes par kilogramme. La gentiopicrine recristallisée dans l'éther acétique présentait le pouvoir rotatoire suivant :

$$\alpha_D = -196°,93$$
$$(p = 0,0914 ;\ v = 15 ;\ l = 2 ;\ \alpha = -2°24').$$

En résumé, l'application de la méthode biochimique à la Chlore perfoliée m'a permis de déceler la présence, dans cette plante, d'une assez forte proportion d'un glucoside hydrolysable par l'émulsine. L'indice voisin de 111 a fait penser à la présence de la gentiopicrine.

D'après les essais faits comparativement sur les racines d'une part et sur les tiges foliées d'autre part, on a reconnu que c'étaient ces derniers organes qui renfermaient le plus de glucoside. Dans les plantes du genre *Gentiana* qui ont été étudiées précédemment, on a vu, au contraire, que les racines renfermaient toujours plus de gentiopicrine que les tiges foliées.

En appliquant aux tiges foliées de la Chlore perfoliée le procédé d'extraction de la gentiopicrine qu'on a utilisé pour les racines des Gentianes, on a obtenu ce principe avec un rendement assez avantageux de près de 6 grammes par kilogramme de matière première fraîche.

CHAPITRE II.

Swertie vivace (*Swertia perennis* L.).

La Swertie vivace est une petite plante qu'on ne rencontre que très rarement dans les plaines, mais qui est relativement commune dans les régions montagneuses, où elle pousse, jusqu'à une altitude de 2.300 mètres environ, dans les prés tourbeux, au bord des torrents.

La Swertie vivace a une tige dressée, raide, sans rameaux, peu feuillée, de 20 à 30 centimètres de hauteur. Ses feuilles sont ovales, allongées deux à deux, celles du bas ayant, seules, de longs pétioles. Les fleurs sont réunies au sommet en une grappe, elles sont d'un gris violacé sombre ; la corolle est divisée jusqu'au bas en 5 lobes étroits, étalés en étoile, portant à la base de leur face supérieure deux petites glandes à nectar.

La plante fleurie présente un aspect caractéristique qui permet de la distinguer facilement.

C'est dans ces conditions que j'ai eu l'occasion de la rencontrer, au mois d'août, dans les prairies alpines du Lautaret (Hautes-Alpes) où j'ai pu en cueillir 2.000 grammes en l'espace de quelques heures.

La saveur de cette plante n'est que très légèrement amère, et il semble qu'elle n'ait jamais été utilisée en médecine populaire, à l'inverse de celle que nous venons d'étudier dans le précédent chapitre, la Chlore perfoliée.

La plante cueillie au Lautaret a été traitée par l'alcool bouillant à Paris, trois jours après sa récolte. Tous les échantillons étaient en grande partie privés de leurs racines qui sont petites et presque impossibles à arracher.

Voici les résultats obtenus au cours de l'essai biochimique :

Rotation initiale (l = 2)	—	2°38'
Rotation après action de l'invertine	—	3°36'
Rotation après action de l'émulsine	+	50'
Sucre réducteur initial		1 gr.,543
Sucre réducteur après action de l'invertine		2 , 385
Sucre réducteur après action de l'émulsine		3 , 267

Sous l'influence de l'invertine, il s'est produit un recul de la déviation gauche de 58', avec formation de 0 gr.,842 de sucre réducteur, ce qui donne un indice de 871. Cet indice est plus faible que celui qu'on a obtenu avec la Chlore perfoliée, mais il est encore très éloigné des indices des sucres connus, saccharose, 603 et gentianose, 673. Il est donc probable que la Swertie vivace, comme la plupart des plantes de la famille des Gentianées d'ailleurs, doit renfermer un sucre hydrolysable par l'invertine qu'on ne connaît pas encore.

Sous l'action de l'émulsine, on a observé un retour à droite de la déviation de 4°26', avec formation de 0 gr.,882 de sucre réducteur.

La Swertie vivace renferme donc un glucoside hydrolysable par l'émulsine ; mais tandis qu'avec la Chlore perfoliée, l'indice était voisin de celui de la gentiopicrine, il s'en éloigne ici assez fortement, puisqu'il est de 198. En étudiant en détail la marche de l'hydrolyse qui a duré quarante et un jours, on remarque qu'elle a eu lieu comme dans les essais des racines ou des tiges foliées des Gentianes : elle a été rapide au début pour traîner ensuite en longueur.

Ainsi, après trois jours, l'émulsine avait produit un retour de 3° 21', et l'indice était de 160 ; du troisième au douzième jour, le retour n'a été que de 36' et l'indice s'est élevé à 186 ; du douzième au quarante-et-unième jour, le retour a été de 29' et l'indice de 407, assez voisin de celui du gentiobiose, 478.

On devait penser que la Swertie vivace renfermait deux principes hydrolysables par l'émulsine, dont l'un, hydrolysé rapidement, était un glucoside et dont l'autre, hydrolysé lentement, était un hydrate de carbone. Et, par analogie avec ce qui se passe avec les Gentianes, on était amené à soupçonner, ici encore, l'existence de la gentiopicrine, malgré un indice relativement élevé.

Préparation de la gentiopicrine. — Après traitement par l'alcool bouillant des 2.000 grammes de Swertie que j'avais récoltée au Lautaret, on a distillé l'alcool au bain-marie ; on a filtré le résidu aqueux et on l'a évaporé à sec, sous pression réduite. On a épuisé cet extrait par trois litres d'alcool à 95c, à l'ébullition, et on a évaporé à sec les liqueurs alcooliques.

On a épuisé l'extrait par l'éther acétique hydraté ; on a distillé l'éther acétique, repris le résidu par l'eau et on a évaporé la solution aqueuse, à sec, sous pression réduite. On a traité cet extrait purifié par l'éther acétique anhydre: la gentiopicrine a cristallisé.

On a obtenu ainsi 2 grammes de gentiopicrine que l'on a purifiée par cristallisation dans l'éther acétique. On a séché à l'air le produit pur, que les propriétés suivantes identifient avec la gentiopicrine.

Pouvoir rotatoire $\alpha_D = -196°,7$.
($p = 0,1182$; $v = 15$; $l = 2$; $\alpha = -3° 6'$).

On a fait agir l'émulsine sur la solution qui avait servi à déterminer le pouvoir rotatoire. En 12 heures à + 33°, la rotation a passé de — 3° 6' à + 18' ; il s'était formé 0 gr.,366 de sucre réducteur pour 100 cm³, ce qui donne un indice de 110, l'indice théorique de la gentiopicrine étant 111. La solution incolore était devenue jaune clair et il s'était déposé un produit cristallisé donnant très nettement la réaction bleue caractéristique de la gentiogénine.

Le glucoside cristallisé retiré de la Swertie vivace est donc bien de la gentiopicrine.

En résumé, l'essai biochimique ayant montré que la Swertie vivace renfermait un glucoside hydrolysable par l'émulsine, on est parvenu à isoler ce glucoside à l'état pur et cristallisé et on l'a identifié avec la gentiopicrine, découverte dans la Gentiane jaune.

C'est la seconde Gentianée n'appartenant pas au genre *Gentiana* dans laquelle existe de la gentiopicrine, glucoside des Gentianes.

TROISIÈME PARTIE.

Gentianées aquatiques.

CHAPITRE PREMIER.

Tréfle d'eau (*Menyanthes trifoliata* L.).

Travaux antérieurs. — Essais biochimiques. La Méliatine.

Le Trèfle d'eau ou Ményanthe trifolié (*Menyanthes trifoliata* L.) est une plante aquatique que l'on rencontre souvent en stations importantes au bor l des rivières à courant faible ou dans les marais. On la trouve également dans les prés tourbeux des régions montagneuses jusqu'à une altitude de 2.000 mètres environ.

C'est une plante vivace par sa tige rampante, charnue, submergée dans l'eau et dans la vase, de la grosseur du petit doigt environ. Cette tige porte un grand nombre de racines adventives, longues, de couleur blanche, très cassantes, de quelques millimètres de diamètre seulement.

Toutes les feuilles sont rapprochées au sommet de la tige, émergées, longuement pétiolées ; elles se composent de trois folioles ovales entières, presque sessiles, représentant exactement une feuille de trèfle, ce qui a valu à la plante son nom populaire de Trèfle d'eau.

Le rameau floral est très allongé, de vingt à quarante centimètres ; il est totalement dépourvu de feuilles, et apparait, même, alors que les feuilles ne font que commencer leur croissance. Les fleurs forment une grappe simple, dressée à l'extrémité de ce rameau. Elles s'épanouissent dans le courant du mois de mai. Elles sont d'un blanc rosé, et la corolle, en forme d'entonnoir, est divisée en cinq lobes triangulaires, étalés, tout couverts sur leur face interne de longs poils papilleux.

Le Trèfle d'eau est employé depuis de longues années en médecine, et surtout en médecine populaire.

Travaux antérieurs. — Les premières recherches effectuées sur le Trèfle d'eau sont dues à J.-B. TROMMSDORFF. Elles ont été publiées en 1809 (1).

Son travail ne présente plus guère d'intérêt, à l'heure actuelle, au point de vue scientifique, et si j'en reproduisis ici les conclusions, c'est surtout pour donner une idée des analyses immédiates telles qu'on les faisait à cette époque.

D'après TROMMSDORFF, le Trèfle d'eau frais renferme 75 pour 100 d'eau et 25 pour 100 de matière sèche ; une matière verte coagulable par la chaleur ; de l'acide malique à l'état libre ; de l'acétate de potasse ; une substance animale particulière, précipitée par le tanin et qui diffère de l'albumine en ce qu'elle ne coagule pas par la chaleur, et de la gélatine en ce qu'elle est soluble dans l'alcool ; un extractif très amer, insoluble dans l'alcool absolu ; une gomme brune ; une fécule blanche, soluble dans l'eau bouillante et précipitant par refroidissement.

Après TROMMSDORFF, on a cherché uniquement à isoler du Ményanthe le principe amer qu'on supposait en être le principe actif. Il est à remarquer, d'ailleurs, que personne n'a pu l'obtenir à l'état pur et cristallisé.

(1) Chemische analyse des Bitterklees (*Menyanthes trifoliata* L.). *(Journ. de Pharm. de Trommsdorff*, XVIII, p.p. 72-105, 1809, St 2).

En 1830, Brandès (1) publia une note dans laquelle il dit avoir isolé la substance amère du Trèfle d'eau sous la forme d'une masse transparente, presque blanche. Il reprit son travail en 1832 (2) ; mais, cette fois encore, il ne put rien obtenir à l'état cristallisé, et il nomma « *Menyanth* » son produit qui n'était, en réalité, qu'un extrait alcoolique purifié.

Les recherches les plus importantes sont celles de Kromayer qui furent publiées en 1861 (3) et en 1865 (4). Ce chimiste retira des feuilles sèches de Ményanthe un produit amorphe qu'il appela *ményanthine*. Son produit réduisant la liqueur de Fehling après ébullition avec les acides, il en conclut qu'il avait à faire à un glucoside ; il en détermina la composition centésimale et lui attribua la formule $C^{60}H^{46}O^{28}$. La ményanthine est précipitable par le tanin, propriété sur laquelle s'est basé l'auteur pour la séparer ; elle n'est pas hydrolysée par l'émulsine ; par les acides étendus et bouillants, elle se dédouble en donnant 27 pour 100 d'une matière sucrée que Kromayer a obtenue à l'état cristallisé et qu'il regarde comme du glucose, et un principe aromatique huileux à fonction aldéhydique, à rapprocher de l'essence d'amande amère, qu'il nomma *ményanthol*.

En 1864, entre les deux publications de Kromayer, vient se placer une note de Nativelle (5). Cet auteur prétend avoir obtenu, dès 1838, le principe amer du Ményanthe à l'état cristallisé, principe qu'il nomma aussi *ményanthine*. Je n'ai pu découvrir, en 1838, aucun article de Nativelle sur ce sujet.

On lit, dans la 3e et dans la 4e édition de l'*Officine*, publiées en 1850 et 1855, à l'article « Ményanthe », que « Nativelle y a trouvé une matière cristallisée amère, la *ményanthine* », et c'est seulement en 1858, dans la 5e édition, à la page 403, que se trouve mentionnée la date de la découverte, 1838, sans qu'il

(1) *Geiger's Magazine*, XXXIII, p. 27, 1830.

(2) Ueber das Menyanth, die bittere Substanz des Bitterklees (*Menyanthes trifoliata* L.). (*Arch. d. Pharm.* LXXX, p. 153, 1842).

(3) Mittheilhungen aus dem Laboratorium des chemische-pharmaceutischen Institutes des Professors Dr H. Ludwig, in Iéna. — 3. Menyanthin. (*Arch. de Pharm.*, CLVIII, p. 263, 1861).

(4) Ueber das Menyanthin. (*Arch. de Pharm.*, CLXXIX, p. 37, 1865).

(5) Ményanthine, principe amer cristallisé des feuilles de Trèfle d'eau. (*Union pharmaceutique*, V, p. 336, 1864).

y ait, d'ailleurs, de note indiquant la source où a été puisée cette information.

De plus, dans la note publiée en 1864, il n'y a aucun fait précis sur les propriétés de ce corps. Il y est dit seulement qu'il fond à une température peu élevée. NATIVELLE n'étant jamais revenu sur cette question, il n'y a pas à tenir compte de son travail.

En 1875, LIEBELT (1) reprit le travail de KROMAYER et le confirma, sauf en ce qui concerne la formule et les propriétés du ményanthol.

En 1892, LENDRICH (2) a extrait, à son tour, un principe amer des feuilles sèches du Trèfle d'eau. Ce principe, qu'il a obtenu par un procédé autre que celui de KROMAYER et qu'il dit cependant être la ményanthine de cet auteur, réduit la liqueur cupropotassique. Il donne, par hydrolyse avec les acides étendus et bouillants, du ményanthol et un sucre qui n'est pas du glucose, comme l'avait cru KROMAYER, mais bien un sucre lévogyre.

On peut supposer que si LENDRICH a obtenu un sucre gauche, c'est parce que, dans la préparation de sa ményanthine, d'ailleurs amorphe, il ne s'est pas débarrassé totalement des hydrates de carbone qui se trouvent dans le Ményanthe.

En effet, au cours de la préparation, il a obtenu la cristallisation d'un corps qu'il croit être du saccharose, et c'est le produit provenant de l'évaporation des liqueurs-mères de ce saccharose qui constitue sa ményanthine. Il est évident que le saccharose ne s'était pas totalement éliminé, et que le résidu (ményanthine) en renfermait encore. Pendant l'hydrolyse par les acides, il s'est alors formé du sucre interverti, produit gauche, que LENDRICH crut provenir de son glucoside.

KROMAYER, qui a préparé sa ményanthine en la précipitant par le tanin, avait donc un produit exempt de matière sucrée et relativement plus pur que celui de LENDRICH.

Depuis 1892, aucun travail n'a été fait sur le Trèfle d'eau jusqu'en 1910, époque à laquelle j'ai publié une note prélimi-

(1) Ueber die Bitterstoffe des *Menyanthes trifoliata* und der Barbades-Aloe. (*Dissert.* Halle, 1875).

(2) Beitrage zur Kenntniss der Bestandteile von *Menyanthes trifoliata* und *Erythrœa Centaurium* (*Arch. d. Pharm.*, CCXXX, p. 38, 1892).

naire sur l'existence, dans cette plante, d'un glucoside amer hydrolysable par l'émulsine (1).

Ce glucoside que j'ai obtenu à l'état pur et cristallisé se différencie nettement de tous les produits amorphes des différents auteurs. C'est pourquoi je lui ai donné le nom de *méliatine*, qui rappelle les noms générique et spécifique de la plante : Me-*nyanthes trifo*-liata.

Avant d'aborder l'étude de ce nouveau glucoside, je vais donner les essais biochimiques qui m'en ont révélé l'existence.

Essais biochimiques. — Ces essais sont au nombre de trois :

Le premier a été fait sur la plante entière, en pleine floraison, alors que les feuilles ne faisaient que commencer à apparaître, et que la plante était formée principalement du rhizôme avec ses racines et du rameau floral.

Le Trèfle d'eau fleuri avait été cueilli aux environs de Blois, le 11 mai 1910 ; il a été traité par l'alcool bouillant, vingt-quatre heures après sa récolte.

Voici les résultats de cet essai biochimique :

Rotation initiale ($l = 2$)	— 2°
Rotation après action de l'invertine	— 4°10'
Rotation après action de l'émulsine	— 2°33'
Sucre réducteur initial	0 gr.,686
Sucre réducteur après action de l'invertine	2 , 143
Sucre réducteur après action de l'émulsine	2 , 602

Sous l'action de l'invertine, on a observé une augmentation de la rotation gauche de 2° 10', avec formation de 1 gr.,457 de sucre réducteur, soit un indice de 672, qui est très rapproché de l'indice du gentianose, 673. On pourrait donc soupçonner ici la présence de ce sucre, mais on verra, d'après les deux autres essais, ce qu'on doit penser d'un indice de cet ordre.

Ce qu'il faut retenir ici, c'est que, sous l'action de l'émulsine,

(1) Note préliminaire sur un nouveau glucoside, hydrolysable par l'émulsine, retiré du Trèfle d'eau (*Menyanthes trifolia* L.). (*Journ. de Pharm. et de Chim.*, (7), II, p. 165, 1910).

on a constaté un retour de la déviation vers la droite, en même temps que la formation de sucre réducteur : le Trèfle d'eau renferme donc un glucoside hydrolysable par ce ferment.

Le retour a été de 1° 37', et il s'est formé corrélativement 0 gr.,459 de sucre réducteur, soit un indice de 283. Ce retour était assez important pour qu'on puisse songer à tenter l'extraction du principe glucosidique.

Mais avant cela, comme le précédent essai biochimique avait été fait sur la plante entière, on devait se demander quel était l'organe de la plante qui renfermait le plus de glucoside et, par conséquent, quel était l'organe auquel il vaudrait mieux s'adresser pour sa préparation.

C'est pour résoudre cette question qu'on a fait comparativement un essai biochimique sur les feuilles et sur les rhizômes. Il fallait, pour cela, récolter la plante alors que les feuilles étaient à leur entier développement. En conséquence, on a cueilli le Trèfle d'eau à essayer, aux environs de Blois, le 17 juillet. D'un lot pesant 5.500 grammes, on a séparé avec soin les feuilles des rhizômes et on a obtenu 4.120 grammes de feuilles (folioles et pétiole) et 1.380 grammes de rhizômes avec les racines. Feuilles et rhizômes ont été traités séparément par l'alcool bouillant, vingt-quatre heures après leur récolte.

Voici les résultats que nous ont fournis les deux essais biochimiques, dont l'un a été fait sur les feuilles et l'autre sur les rhizômes :

	Feuilles	Rhizômes
Rotation initiale (l = 2)	— 1°36'	+ 5'
Rotation après action de l'invertine	— 2°10'	— 6°29
Rotation après action de l'émulsine	— 1°26'	— 4°33
Sucre réducteur initial	0 gr.,651	0 gr.,283
Sucre réducteur après action de l'invertine	1 , 069	5 , 076
Sucre réducteur après action de l'émulsine	1 , 252	5 , 656

En examinant ces résultats, on remarque d'abord la grande différence qui existe dans la rotation initiale des deux organes : lévogyre pour les feuilles et légèrement dextrogyre pour les rhizômes. Cette rotation droite est due à la grande quantité d'hydrates de carbone que renferment ces derniers.

En effet, sous l'action de l'invertine, on a observé, avec les rhizômes, un recul de la déviation de 6° 34', avec formation de 4 gr. 193 de sucre réducteur, soit un indice de 729. Avec les feuilles, le recul n'a été que de 34', alors qu'il s'était formé 0 gr.,418 de sucre réducteur. L'indice est de 737, sensiblement le même, par conséquent, que pour les rhizômes. L'hydrate de carbone hydrolysé dans les deux organes est bien identique, mais les rhizômes en renferment environ onze fois plus que les feuilles.

Cette grande différence dans la proportion du principe sucré n'est pas pour nous surprendre. Les feuilles sont des organes caducs qui ne doivent donc pas renfermer de matières de réserve que la plante perdrait en même temps que ces organes. Par contre, le Trèfle d'eau étant une plante vivace par son rhizôme, accumule dans cet organe, pendant la végétation, des hydrates de carbone de réserve qu'il utilisera l'année suivante, au printemps, à la reprise de la végétation. On verra, dans la quatrième partie de ce travail, à quelles périodes de la végétation, se font la consommation et l'accumulation des hydrates de carbone de réserve.

On doit faire remarquer ici que l'indice élevé, voisin de 730, que l'on a obtenu avec les 2 organes, est fort éloigné des indices des sucres connus, dont le plus voisin est celui du gentianose, 673. Il est donc probable que le Trèfle d'eau renferme un sucre nouveau, encore inconnu, hydrolysable par l'invertine.

Si l'on examine ensuite les résultats qui ont été obtenus sous l'action de l'émulsine, on voit que feuilles et rhizômes renferment un principe glucosidique dédoublable par ce ferment, mais que ce sont encore les rhizômes qui en renferment le plus, puisque le retour a été pour ces organes de 116' et de 44' seulement pour les feuilles. La proportion de sucre réducteur formé, en même temps, étant respectivement de 0 gr.,580 et de 0 gr.,183, les indices sont de 300 et de 249, assez rapprochés de celui que l'on a trouvé dans le premier essai sur la plante entière, 283.

En résumé, il ressort nettement de l'examen des résultats fournis par ces deux essais comparatifs, que si le Trèfle d'eau renferme dans tous ses organes un glucoside dédoublable par l'émulsine, les rhizômes en renferment près de trois fois plus que les feuilles.

Les rhizômes devaient donc constituer l'organe de choix pour l'extraction de ce glucoside ; c'est pourquoi la matière première que l'on a traitée dans ce but était formée en grande partie de ces derniers, les feuilles de Trèfle d'eau commençant déjà à se flétrir à la fin de septembre, époque à laquelle on l'a récoltée.

LA MÉLIATINE.

Préparation. — Afin de pouvoir étudier ce nouveau glucoside, il était nécessaire d'en préparer une quantité assez importante. C'est pourquoi, pendant trois années consécutives, j'ai récolté, à la fin du mois de septembre, une forte provision de Trèfle d'eau : en 1910, 23 kilogrammes ; en 1911, 25 kilogrammes ; en 1912, 25 kilogrammes. Tout ce Trèfle d'eau provenait des environs de Blois, où mon père m'en avait signalé une station fort importante.

Je ne donnerai ici que les détails de la première opération. La récolte avait eu lieu le 30 septembre 1910, et le traitement avait été fait le lendemain à Paris.

Pour traiter cette grande quantité de matière première, j'ai eu recours à l'appareil imaginé par MM. Bourquelot et Hérissey (1). Cet appareil est d'un maniement très facile, et il m'a permis de stériliser par l'alcool bouillant, en quelques heures, les 23 kilogrammes de Ményanthe dont je disposais.

Après le traitement par l'alcool bouillant, l'opération a été continuée de la façon suivante :

Par distillation, on a éliminé l'alcool des liquides alcooliques ; après refroidissement, on a filtré le liquide aqueux résiduel et on l'a concentré, sous pression réduite, à 2.500 cm³. On a ajouté 10 litres d'alcool à 95°, ce qui a amené la formation

(1) Em. Bourquelot et H. Hérissey.— Appareil destiné au traitement des plantes fraîches par l'alcool bouillant. (*Journ. de Pharm. et de Chim.*, (7), III, p. 145, 1911).

d'un volumineux précipité qu'on a laissé déposer. On a décanté le liquide clair, et on a distillé l'alcool au bain-marie. On a traité, alors, le résidu sirupeux par l'éther qui a enlevé une matière verte, puis, on l'a évaporé, à sec, sous pression réduite.

Cette évaporation est assez pénible, car le liquide mousse énormément et la mousse ne tarde pas à s'échapper par le col du ballon.

J'ai pu remédier à cet inconvénient en ajoutant à la masse sirupeuse, dès qu'elle se mettait à mousser, une certaine quantité d'alcool à 95°; l'alcool distillait en entraînant une certaine proportion d'eau, et le liquide se mettait de nouveau à mousser dès que tout l'alcool avait disparu. Il suffisait alors de remettre de nouvel alcool. En répétant 5 ou 6 fois l'opération, on arrive à dessécher complètement l'extrait.

On a épuisé cet extrait, à l'ébullition par l'alcool à 95°; on a obtenu ainsi une solution alcoolique encore assez fortement colorée en brun. On a distillé l'alcool au bain-marie. On a traité le nouvel extrait par l'acétone bouillant, jusqu'à épuisement. Il a fallu employer, pour le produit provenant des 23 kilogrammes de plante, environ 50 litres d'acétone.

On a évaporé à sec les liqueurs acétoniques et on a repris le résidu par l'eau. On a obtenu une solution trouble qu'on a filtrée, puis évaporée, à sec, sous pression réduite, ce qui a fourni un produit peu coloré qu'on a épuisé par l'alcool absolu bouillant. On a filtré la solution bouillante, et, par refroidissement, la méliatine a cristallisé. On l'a recueillie.

Par évaporation à sec des eaux mères, et reprise de l'extrait par l'acétone, on a obtenu une nouvelle quantité de méliatine qu'on a réunie à la première

Pour avoir la méliatine tout à fait pure, on l'a fait cristalliser : 1° dans l'eau, 2° dans l'acétone, 3° dans l'alcool absolu, et 4° enfin, de nouveau dans l'eau.

Les 23 kilogrammes de matière première ont fourni environ 30 grammes de méliatine pure.

Le traitement du Ményanthe récolté en 1911 et en 1912 a été conduit d'une façon identique et le rendement en méliatine a été sensiblement le même.

Propriétés physiques. — La méliatine est un corps cristallisé, blanc, inodore, et doué d'une saveur amère assez prononcée, saveur qui ne se développe qu'après quelques instants. La méliatine se présente sous des aspects différents, suivant le dissolvant dans lequel on l'a fait cristalliser. Cristallisée dans l'alcool absolu, elle est en petites aiguilles groupées en sphères ; dans l'acétone, en petites aiguilles séparées ; dans l'éther acétique anhydre ou hydraté, en très longues aiguilles souples, qui s'enchevêtrent les unes dans les autres et qui donnent un produit ayant tout à fait l'aspect de la caféine. Cristallisée dans l'eau, la méliatine se présente en cristaux prismatiques assez volumineux, à faces très nettes.

La méliatine cristallise à l'état anhydre de tous ces dissolvants. En effet, desséchée dans le vide sulfurique, puis à l'étuve à + 110°-115°, elle ne perd pas sensiblement de poids.

La méliatine fond nettement, au tube capillaire à + 217° (corr. + 222°) ; au bloc Maquenne, la fusion instantanée se fait à + 223°.

La méliatine est lévogyre et son pouvoir rotatoire en solution aqueuse a été trouvé égal à :

1° $\alpha_D = -81°,90$ ($p = 1,5660$; $v = 100$; $l = 2$; $\alpha = -2°34'$).
2° $\alpha_D = -82°,03$ ($p = 1,0183$; $v = 25$; $l = 2$; $\alpha = -6°41'$).

Soit en moyenne : $\alpha_D = -81°,96$.

Ces deux déterminations ont été faites sur des produits provenant de préparations et de cristallisations différentes.

La solubilité de la méliatine a été déterminée, dans différents liquides, à la température du laboratoire (+ 20-22°) :

100 gr.	d'eau distillée	dissolvent	10 gr.,0107	de méliatine
100	d'alcool absolu	—	0 , 5662	—
100	d'alcool à 90°	—	3 , 1935	—
100	d'acétone	—	0 , 2393	—
100	d'éther acétique anhydre	—	0 , 0728	—
100	de chloroforme	—	0 , 0084	—

On peut encore exprimer ces résultats sous la forme suivante :

1 gramme de méliatine est soluble, à la température de 20-22°, dans :

Eau distillée	9 gr.,999
Alcool absolu	176 , 616
Alcool à 90°	31 , 313
Acétone	417 , 885
Ether acétique anhydre	1.372 , 626
Chloroforme	11.904 , 761

Elle est complètement insoluble dans l'éther ordinaire, et sa solubilité dans le chloroforme est à peu près négligeable.

A l'ébullition, 100 grammes d'alcool absolu en dissolvent environ 3 grammes, soit cinq fois autant qu'à + 20°. A + 100° la solubilité dans l'eau est également très fortement augmentée : 100 grammes d'eau distillée en dissolvent alors 50 grammes environ.

Propriétés chimiques. — La méliatine, chauffée à sec dans un tube à essai, fond d'abord en un liquide clair, puis se charbonne en émettant des fumées blanches, à odeur aromatique, qui se condensent sur les parois du tube en gouttelettes huileuses.

En solution aqueuse, elle ne précipite ni par l'acétate neutre, ni par l'acétate basique de plomb. Elle n'est pas précipitée non plus ni par l'acide gallique, ni par le tanin. Cette dernière propriété montre bien que la méliatine diffère de la ményanthine de Kromayer, puisque celle-ci a été obtenue, comme on l'a déjà rappelé, par précipitation à l'aide du tanin.

La méliatine, en solution aqueuse, ne réduit pas la liqueur de Fehling à l'ébullition.

Action de l'acide sulfurique étendu.— La méliatine est hydrolysable à chaud par l'acide sulfurique étendu.

On a fait une première expérience avec l'acide à 2 pour 100 sur une solution dont la déviation polarimétrique était, avant hydrolyse, égale à — 2° 26' (soit 1 gr.,484 de méliatine pour 100 cm³). On a chauffé le mélange dans des tubes scellés à la lampe, au bain-marie bouillant.

L'examen polarimétrique du liquide a été effectué toutes les deux heures. La rotation n'a pas tardé à passer à droite ; après 14 heures, alors que l'action hydrolysante de l'acide paraissait terminée, cette déviation était égale à + 1° 10'. Le liquide s'était légèrement coloré en jaune brunâtre, et il ne s'était développé, au cours de l'hydrolyse, aucune odeur aromatique. Kromayer avait remarqué, comme on l'a vu, que, pendant l'hydrolyse de la ményanthine par les acides étendus et bouillants, il se développait une odeur rappelant celle de l'essence d'amande amère.

On a saturé l'acide sulfurique par la soude, et on a déterminé le pouvoir réducteur de la solution. Elle renfermait, après 14 heures de chauffage, 0 gr.,711 de sucre réducteur exprimé en glucose, pour 100 cm³. En calculant la déviation produite par 0 gr.,711 de glucose dans 100 cm³, on trouve + 44'. La déviation observée, + 1° 10', est donc notablement supérieure.

Avec l'acide sulfurique à 5 pour 100, l'hydrolyse va plus vite. La liqueur se fonce rapidement, en même temps qu'il se forme un précipité noir assez abondant, qui, par refroidissement, se réunit au fond du tube. On n'a pas remarqué la formation d'un tel précipité pendant l'hydrolyse avec l'acide sulfurique à 2 pour 100.

Dans cette expérience, comme dans la précédente, le liquide est resté inodore. Après 9 heures de chauffage au bain-marie bouillant, en tube scellé, la déviation polarimétrique a passé de — 2° 26' à + 1° 26'. La solution renfermait alors 0 gr.,701 de sucre réducteur, pour 100 cm³, soit un peu moins que dans l'expérience précédente, bien que la déviation droite soit plus forte. En calculant la déviation produite par 0 gr.,701 de glucose dans 100 cm³, on trouve + 44'.

Donc, dans ces deux hydrolyses, la déviation droite que l'on a observée est plus forte que la déviation droite que l'on calcule en supposant que le sucre réducteur formé soit constitué uniquement par du glucose, et que les autres produits d'hydrolyse soient sans action sur la lumière polarisée.

En étudiant l'action de l'émulsine sur la méliatine, on trouvera l'explication de ces faits.

Action de l'émulsine. — On a fait une solution aqueuse renfermant, pour 100 cm³, 2 gr.,4666 de méliatine. La rotation de cette solution était de — 3° 56'. On a ajouté de l'émulsine, et, en six jours, la rotation a passé à + 1° 6'. La solution incolore a pris peu à peu une belle teinte bleu verdâtre. Elle renfermait alors 1 gr.,2086 de sucre réducteur calculé en glucose, pour 100 cm³, ce qui donne, pour la méliatine, un indice de réduction enzymolytique de 240. La quantité de sucre réducteur produit correspond à une proportion de 49 pour 100.

En calculant la déviation qu'accuserait une solution renfermant, pour 100 cm³, 1 gr.,2086 de glucose, on trouve + 1° 16', déviation plus forte que celle que l'on a observée, + 1° 6'. Si on avait hydrolysé une telle solution de méliatine par l'acide sulfurique à 5 pour 100, on aurait observé, en s'appuyant sur les résultats de l'expérience précédente (page 106), une déviation de + 2° 2', en même temps que la formation de 1 gr.,1331 de sucre réducteur. Par conséquent, sous l'action hydrolysante de l'émulsine, il se forme une quantité un peu plus forte de sucre réducteur : 1 gr.,2086 au lieu de 1 gr.,1331, tandis que l'on observe une déviation droite beaucoup plus faible : + 1° 6' au lieu de + 2° 2'.

L'hydrolyse de la méliatine aboutit donc à des produits différents, suivant que l'on fait agir l'émulsine ou l'acide sulfurique à 5 pour 100.

Dans le but d'étudier les produits de dédoublement que donne la méliatine sous l'action de l'émulsine, on a opéré de la façon suivante :

On a hydrolysé, avec 1 gramme de ferment, 6 grammes de méliatine en solution dans 500 cm³ d'eau. L'action était terminée en quatre jours. On a filtré et on a évaporé le liquide à sec. On a épuisé l'extrait par le chloroforme qui ne dissout pas la matière sucrée, mais qui s'est emparé d'un autre produit dont il sera question plus loin.

Le résidu, insoluble dans le chloroforme, a été repris par l'alcool absolu bouillant. En quelques jours, le sucre s'est déposé sous forme de cristaux légèrement colorés en bleu ; on les a recueillis, séchés et repris, à l'ébullition, par de l'alcool absolu, en présence de noir animal. On a filtré la liqueur bouillante, et, par refroidissement, le sucre a cristallisé à l'état pur, en petits prismes allongés. On a recueilli les cristaux et on les a séchés à l'air.

Le pouvoir rotatoire a été déterminé en solution aqueuse. On a observé que ce corps était doué de la multirotation. Dès sa dissolution dans l'eau, il présentait un pouvoir rotatoire de :

$$\alpha_D = + 97°,9$$

$$(p = 0,2194 ; v = 15 ; l = 2 ; \alpha = + 2°52')$$

Ce pouvoir rotatoire a baissé progressivement et, après quelques heures, la solution avait une rotation de + 1°32', ce qui représente un pouvoir rotatoire stable de + 52°,41.

Le sucre formé dans l'hydrolyse de la méliatine est donc bien du glucose-d.

Une fois de plus se trouvait vérifiée la règle formulée par M. Em. Bourquelot, à propos du dédoublement des glucosides hydrolysables par l'émulsine : « Tous ceux de ces glucosides actuellement connus sont lévogyres et dérivent du glucose-d. » (1)

Revenons maintenant au second produit de dédoublement que l'on a laissé en solution dans le chloroforme.

On a évaporé cette solution chloroformique à sec. On a repris le résidu par l'eau. La totalité s'est dissoute, et le liquide était limpide et coloré en bleu ; on l'a épuisé par agitation avec l'éther. Le produit bleu est resté en solution dans l'eau, tandis que, par évaporation de l'éther, on a obtenu un produit huileux, jaune. Si on laisse la liqueur aqueuse déjà bleue exposée à l'air, on constate que la coloration augmente peu à peu. Au contraire, si on dissout dans l'eau le résidu soluble dans l'éther, on obtient une solution incolore qui ne devient jamais bleue, même par une exposition prolongée à l'air.

Il est donc probable qu'en dehors du glucose-d, la méliatine fournit par hydrolyse deux autres produits solubles dans l'eau, dont un seul a la propriété de s'oxyder à l'air en donnant une coloration bleue. Ces deux produits sont facilement séparés, le corps oxydable n'étant pas soluble dans l'éther.

(1) Em. Bourquelot. — Recherche, dans les végétaux, du sucre de canne à l'aide de l'invertine et des glucosides à l'aide de l'émulsine. (*Journ. de Pharm. et de Chim.*, (6), XIV, p. 481, 1901).

Jusqu'ici, je n'ai pu obtenir le corps soluble dans l'éther à l'état cristallisé, mais j'ai pu cependant déterminer quelques-unes de ses propriétés :

En solution aqueuse, il est acide au tournesol et il ne donne aucune réaction colorée avec le perchlorure de fer. Il réduit, à l'ébullition, la liqueur de Fehling : il se dépose une faible quantité d'oxyde de cuivre, tandis que la liqueur prend une teinte brun-rougeâtre sale. Il est lévogyre, mais on n'a pas déterminé son pouvoir rotatoire spécifique.

C'est le second exemple d'un produit d'hydrolyse, autre que le glucose-d, fourni par un glucoside hydrolysable par l'émulsine, possédant un pouvoir rotatoire. Le premier exemple a été donné par MM. Em. Bourquelot et H. Hérissey. Ces auteurs ont signalé, en effet, que le second produit de dédoublement de l'aucubine, l'aucubigénine, possédait un pouvoir rotatoire propre (1).

Une solution du produit de dédoublement de la méliatine, soluble dans l'éther, accusant une déviation de — 1°44' (l=2), réduisait la liqueur de Fehling comme 0 gr.,3915 de glucose pour 100 cm³.

On a ajouté à cette solution un volume égal d'acide sulfurique à 10 pour 100. La déviation était de — 52'. On a porté cette solution, en tube scellé, pendant deux heures, au bain-marie bouillant. Le liquide s'est coloré, puis il s'est formé un précipité noir, semblable à celui que l'on a déjà observé pendant l'hydrolyse de la méliatine par l'acide sulfurique à 5 pour 100. A l'ouverture du tube, après refroidissement, on a constaté qu'il s'était développé une odeur aromatique assez agréable, mais faible. La déviation avait passé, pendant l'hydrolyse, de — 52' à + 52', tandis que le pouvoir réducteur avait légèrement diminué ; ramené à la solution primitive, il correspondait à 0 gr.,3500 de glucose pour 100 cm³ au lieu de 0 gr.,3915.

Cette propriété assez curieuse permet d'expliquer les différences que l'on avait constatées dans l'hydrolyse de la méliatine, suivant que l'on opérait cette hydrolyse à l'aide de l'acide sulfurique ou de l'émulsine :

(1) Em. Bourquelot et H. Hérissey. — Sur l'aucubine, glucoside de l' « *Aucuba japonica* L. ». (*Ann. de Chim. et de Phys.*, (8), IV, p. 289, 1905).

Sous l'action de l'émulsine, il se forme, entre autres produits de dédoublement, un corps lévogyre, et c'est pourquoi on trouve une déviation droite plus faible que celle que donne la quantité de glucose renfermée dans la liqueur.

Sous l'action de l'acide sulfurique, ce corps lévogyre est décomposé et fournit un produit dextrogyre, dont la déviation vient s'ajouter à celle du glucose, et augmente, par conséquent, la rotation droite du liquide.

Action de l'hydrate de baryte.— On sait que les bases alcalines et alcalino-terreuses, et même certaines bases métalliques possèdent des propriétés isomérisantes relativement à certains composés doués du pouvoir rotatoire.

On sait également que, dans ces dernières années, Walker (1), Dakin (2), Caldwell et Courtauld (3), Em. Bourquelot et H. Hérissey (4) ont étudié l'action isomérisante à froid de l'hydrate de baryte en solution aqueuse étendue sur les glucosides cyanhydriques.

J'ai essayé l'action de l'hydrate de baryte sur la méliatine. On a fait une solution renfermant 0 gr.,5189 de méliatine pour 25 cm^3. Cette solution accusait, au tube de 2 décimètres, une rotation de — 3° 24'. A 20 cm^3 de cette solution, on a ajouté 20 cm^3 de solution de baryte N/250. Le mélange présentait une rotation de — 1° 42' ($l=2$). On a constaté qu'après 48 heures, cette rotation n'avait pas changé. L'hydrate de baryte n'a donc aucune action isomérisante à froid sur la méliatine.

Analyse élémentaire. — Essai cryoscopique. — La méliatine n'est pas azotée. L'analyse organique a donné les résultats suivants :

1. 0 gr.,1885 de méliatine ont donné 0 gr.,1150 d'eau et 0 gr.,3603 d'acide carbonique ; soit H=6,77 p. 100 et C=52,12 p. 100.

(1) The catalytic racemisation of amygdalin. (*Journ. Chem. Soc. of London*, LXXXIII, p. 472, 1903).

(2) The fractional hydrolysis of amygdalinic acid. Isoamygdalin. (*Journ. Chem. Soc. of London*, LXXXV, p, 1512, 1904).

(3) Mandelonitril glucosides. Prulaurasin. (*Journ. Chem. Soc. of London*, XC, p. 671, 1907).

(4) Isoméries dans les glucosides cyanhydriques. Sambunigrine et Prulaurasine. (*Journ. de Pharm. et de Chim.*, (6), XXVI, p. 5, 1907).

2. 0 gr.,2026 de méliatine ont donné 0 gr.,1269 d'eau et 0 gr.,40685 d'acide carbonique ; soit H = 6,90 p. 100 et C = 52,07 p. 100.
3. 0 gr.,1880 de méliatine ont donné 0 gr.,1148 d'eau et 0 gr.,3599 d'acide carbonique ; soit H = 6,77 p. 100 et C = 52,20 p. 100.
4. 0 gr.,1855 de méliatine ont donné 0 gr.,1173 d'eau et 0 gr.,3545 d'acide carbonique ; soit H = 7,02 p. 100 et C = 52,11 p. 100.

La détermination du poids moléculaire par la cryoscopie a été faite en solution aqueuse :

1. Méliatine = 1 gr.,0183 ; eau = 24 gr.,2651 ; A = 0°,207

$$M = 18{,}5 \times \frac{4{,}1965}{0{,}205} = 335.$$

2. Méliatine = 0 gr.,5006 ; eau = 24 gr.,6424 ; A = 0°,105

$$M = 18{,}5 \times \frac{2{,}0314}{0{,}105} = 358.$$

Ces résultats permettent de proposer pour la méliatine la formule brute $C^{15}H^{22}O^{9}$.

	Calculé pour $C^{15}H^{22}O^{9}$	Moyenne des chiffres trouvés pour la méliatine
	—	—
Poids moléculaire	346	346,5
C p. 100	52,02	52,12
H p. 100	6,35	6,85

On peut écrire l'équation du dédoublement de la méliatine de la façon suivante, en réunissant dans une même formule brute le reste qui n'est pas du glucose, et dont on ne connaît encore que peu de propriétés :

$$C^{15}H^{22}O^{9} + H^{2}O = C^{6}H^{12}O^{6} + C^{9}H^{12}O^{4}$$

En calculant, d'après cette équation et le pouvoir rotatoire, l'indice de réduction enzymolytique de la méliatine, on trouve 238, chiffre très rapproché de celui que l'on obtient par l'expérience, et qui est, on l'a vu, 240. Ce résultat est assez inattendu, étant donnée la présence, à côté du glucose, d'un autre composé à la fois réducteur et lévogyre.

Cette équation montre que l'hydrolyse totale doit fournir 52,06 de glucose pour 100.

Recherche de l'invertine et de l'émulsine dans le Ményanthe. — Pour faire cette recherche, je me suis servi d'une poudre fermentaire préparée de la façon suivante :

On a broyé au hachoir 100 grammes de plante fraîche que l'on a mis à macérer pendant 2 heures dans 500 cm³ d'alcool à 95° ; après quoi, on a essoré, lavé avec de l'alcool à 95°, puis avec de l'éther ; on a séché finalement le produit à l'étuve à + 30°.

D'autre part, on a préparé, avec de l'eau thymolée, les solutions suivantes, présentant la rotation indiquée, pour l = 2 :

1° Solution de saccharose à 1 p. 100	....	α = + 1°20'
2° — d'amygdaline —	....	α = — 40'
3° — de salicine —	....	α = — 1°10'
4° — de gentiopicrine —	....	α = — 3°54'

Avec la poudre fermentaire on a fait cinq mélanges :

I.	Eau thymolée	50 cm³
	Poudre fermentaire	0 gr.,50
II.	Solution de saccharose	50 cm³
	Poudre fermentaire	0 gr.,50
III.	Solution d'amygdaline	50 cm³
	Poudre fermentaire	0 gr.,50
IV.	Solution de salicine	50 cm³
	Poudre fermentaire	0 gr.,50
V.	Solution de gentiopicrine	50 cm³
	Poudre fermentaire	0 gr.,50

On a abandonné ces mélanges pendant sept jours à la température du laboratoire, puis on les a examinés au polarimètre.

Le mélange I, qui ne contenait que de la poudre fermentaire, était sans action sur la lumière polarisée.

La rotation de la solution de saccharose avait passé de + 1°20' à + 42' ; il y avait eu une hydrolyse faible, indiquant la présence de l'invertine dans le Trèfle d'eau.

La rotation de la solution d'amygdaline avait passé de — 40' à + 14' et celle de la solution de gentiopicrine de — 3°54' à + 30' ; l'hydrolyse de ces deux composés était à peu près complète. Par contre, la rotation de la salicine n'avait passé que de — 1°10' à - 5' ce qui ne représente que 40 pour 100 environ du glucoside dédoublé.

Le Trèfle d'eau renferme donc de l'invertine et de l'émulsine et ce dernier ferment a une action beaucoup plus marquée sur l'amygdaline et la gentiopicrine que sur la salicine.

En résumé, j'ai isolé du Trèfle d'eau (*Menyanthes trifoliata* L.), à l'état pur et cristallisé, un glucoside nouveau, la *méliatine*.

La méliatine est soluble dans l'eau, l'alcool éthylique, l'éther acétique, l'acétone, et cristallise à l'état anhydre de tous ces dissolvants ; elle est à peu près insoluble dans le chloroforme, complètement insoluble dans l'éther éthylique. Elle est lévogyre, et son pouvoir rotatoire, en solution aqueuse est : $\alpha_D = -81°,96$. Elle fond au bloc Maquenne à + 223° et au tube capillaire à + 222° (corr.).

La méliatine ne réduit pas la liqueur de Fehling. Elle est hydrolysée par l'acide sulfurique étendu et bouillant. Elle est également hydrolysée par l'émulsine avec formation, entre autres produits, de glucose-d et d'un autre corps que je n'ai pu obtenir encore à l'état cristallisé, mais qui est doué du pouvoir rotatoire.

L'analyse élémentaire et l'essai cryoscopique permettent de proposer pour la méliatine la formule $C^{15}H^{22}O^{9}$. L'indice de réduction théorique de la méliatine est 238.

J'ai décelé la présence, dans le Trèfle d'eau, à côté du glucoside, de ferments capables d'hydrolyser les sucres et les glucosides : invertine et émulsine.

Remarquons en outre que la composition du Trèfle d'eau, Gentianée aquatique, est tout à fait différente de celle des autres Gentianées que nous venons d'étudier. Dans la plupart de ces dernières, il existe un glucoside, la gentiopicrine, tandis que le Trèfle d'eau renferme un autre glucoside, la méliatine. La différence subsiste encore pour ce qui est des sucres hydrolysables par l'invertine ; je n'ai pu établir la nature exacte du sucre du Ményanthe, mais il ressort de mes essais que ce sucre n'est pas du gentianose.

CHAPITRE II.

Limnanthème faux-Nénuphar (*Limnanthemum Nymphoides* Hoffms. et Link).

Comme le Trèfle d'eau, le Limnanthème est une Gentianée aquatique ; mais on le rencontre plutôt dans les rivières ou les fleuves que dans les marais.

Le Limnanthème est une plante glabre, nageante, ressemblant parfaitement à un petit Nénuphar. Les feuilles ont un pétiole très allongé et le limbe arrive flotter à la surface de l'eau. La fleur possède un long pédoncule et vient s'épanouir au-dessus de l'eau. Elle est relativement grande et d'un beau jaune vif. Elle apparait au mois de juillet ou d'août.

Certains auteurs ont prétendu que le Limnanthème faux-Nénuphar possédait les mêmes propriétés que le Trèfle d'eau, sans doute parce que ce sont les deux seules Gentianées aquatiques que l'on rencontre dans nos régions (1). J'ai voulu vérifier cette assertion en appliquant à cette plante la méthode biochimique.

J'ai cueilli 3.500 grammes de feuilles de Limnanthème sur les bords de la Seine, aux environs de Fontainebleau, le 26 juin 1910. Il m'a été impossible de me procurer le rhizôme qui était, à cette époque, enfoui dans la vase, sous 1 mètre d'eau environ.

La saveur des feuilles n'est nullement amère, à l'inverse de celles de Ményanthe qui sont d'une amertume très prononcée.

On les a traitées, par l'alcool bouillant, le lendemain de leur récolte.

(1) Planchon et Collin. — Les drogues simples d'origine végétale. (I, p. 654, Paris 1895).

On va voir, par l'examen des résultats fournis par l'essai, quelle profonde différence il existe entre les feuilles de Limnanthème et celles de Ményanthe (Voir l'essai des feuilles de Ményanthe à la page 96).

Rotation initiale (l = 2)	+ 19'
Rotation après action de l'invertine	— 15'
Rotation après action de l'émulsine	— 15'
Sucre réducteur initial	0 gr.,074
Sucre réducteur après action de l'invertine	0 , 425
Sucre réducteur après action de l'émulsine	0 , 425

Sous l'action de l'invertine, on a constaté un recul de la déviation vers la gauche de 34' avec formation de 0 gr.,351 de sucre réducteur.

En supposant que ce soit du sucre interverti, cette quantité aurait été fournie par l'hydrolyse de 0 gr.,333 de saccharose, et l'on aurait observé un changement de déviation de 34'. La concordance est parfaite et le Limnanthème ne renferme que du saccharose comme hydrate de carbone hydrolysable par l'invertine.

L'émulsine n'a produit, dans cet essai, aucune action hydrolysante : il n'existe donc pas de glucoside hydrolysable par ce ferment dans cette Gentianée et l'on peut dire que c'est par erreur que l'on a attribué à cette plante les mêmes propriétés qu'au Ményanthe.

La seule indication donnée par l'essai était que le Limnanthème devait renfermer environ 3 grammes de saccharose par kilogramme de feuilles fraîches. On a essayé d'en extraire ce principe.

Pour cela, on a appliqué à l'extrait alcoolique provenant de 3.500 grammes de feuilles, la méthode qui consiste, après défécation à l'extrait de Saturne, à combiner le sucre avec l'hydrate de baryte et à précipiter la combinaison par addition d'alcool fort. La combinaison barytique est ensuite décomposée, en solution aqueuse, par un courant de gaz carbonique (1).

(1) Ce procédé est employé depuis de longues années. Pour les détails de l'opération, voir la thèse de PIAULT, sur le stachyose, p. 17 (*ouvrage cité*).

On a obtenu, de la sorte, un extrait incolore qui pesait 2 grammes environ et qu'on a traité par l'alcool absolu et par l'alcool à 95°. Le saccharose a cristallisé de ces deux dissolvants ; on l'a recueilli et on l'a fait recristalliser dans l'alcool à 95°. On a obtenu finalement 0 gr.,70 environ de produit pur que son pouvoir rotatoire identifie avec le sucre de canne.

Pouvoir rotatoire : $\alpha_D = +66°,34$.
($p = 0,1545$; $v = 15$; $l = 2$; $\alpha = +1°22'$).

En résumé, par l'application de la méthode biochimique aux feuilles de *Limnanthemum Nymphoides* Hoffms. et Link, on a reconnu qu'il existait une grande différence entre la composition de cette plante et celle du Trèfle d'eau. Les feuilles du Limnanthème faux-Nénuphar ne contiennent pas de glucoside hydrolysable par l'émulsine, et c'est la seule plante de la famille des Gentianées dans laquelle on n'a pu déceler la présence d'un principe glucosidique.

Les feuilles de Limnanthème renferment du sucre de canne que l'on a préparé à l'état pur et cristallisé, mais on sait que l'on rencontre ce sucre dans tous les organes des plantes phanérogames.

QUATRIÈME PARTIE.

CHAPITRE PREMIER.

Variations dans la composition de la racine de Gentiane jaune au cours de la végétation d'une année.

Parmi les racines des Gentianes qui renferment de la gentiopicrine, on a vu que c'étaient celles de la Gentiane jaune dont la composition était la mieux connue, au point de vue des hydrates de carbone et des glucosides. Il était donc tout indiqué de s'adresser à ces dernières pour étudier les variations qui peuvent se produire dans la proportion de ces principes immédiats, au cours de la végétation.

On sait que, dans l'essai biochimique de ces racines, l'invertine hydrolyse, en même temps que le saccharose, le gentianose qui fournit du lévulose et du gentiobiose, et que ce dernier sucre est hydrolysé par l'émulsine en même temps que la gentiopicrine. Il se comporte, sous l'influence de l'émulsine, comme un glucoside hydrolysable par ce ferment : production de sucre réducteur, retour à droite de la déviation.

Par ce fait même, on ne pouvait pas doser directement, dans la racine de Gentiane, le glucoside hydrolysable par l'émulsine, la gentiopicrine, puisque les observations polarimétriques représentent à la fois l'hydrolyse de la gentiopicrine et l'hydrolyse du gentiobiose.

Il fallait donc, pour opérer ce dosage, recourir au procédé que nous avions déjà utilisé, M. Bourquelot et moi, en étudiant l'influence du mode de dessiccation sur la racine de Gentiane (1). Ce procédé repose sur ce fait que l'éther acétique, le meilleur dissolvant du glucoside, ne dissout que des traces d'hydrates de carbone, ainsi que l'avait reconnu, avant nous, M. G. Tanret (2).

Dès la réception des racines, arrivant de Gérardmer, c'est-à-dire vingt-quatre heures environ après leur récolte, on en pesait 300 grammes que l'on traitait de la façon suivante :

On projette les racines coupées en tranches dans 900 cm³ d'alcool à 85ᶜ bouillant ; on fait bouillir à reflux pendant 20 minutes et on laisse refroidir; après quoi, on décante le liquide, puis on passe les racines au hachoir et on les traite à l'ébullition par 750 cm³ d'alcool à 85ᶜ. Après refroidissement, on exprime le produit à la presse et on filtre. On réunit les deux liquides et on distille l'alcool au bain-marie. On filtre le liquide aqueux résiduel que l'on sépare en deux portions : l'une correspondant à 200 grammes de racines et l'autre correspondant à 100 grammes. Ces deux parts sont distillées à sec, sous pression réduite, et séparément. On reprend l'extrait correspondant à 200 grammes de racines par une quantité suffisante d'eau thymolée pour obtenir 200 cm³ et, sur le liquide ainsi obtenu, on fait l'essai à l'invertine et à l'émulsine (essai A).

On traite le deuxième extrait (correspondant à 100 grammes de racines) par l'éther acétique bouillant, trois fois par 150 cm³ d'éther acétique, en maintenant l'ébullition 20 minutes. On obtient ainsi un liquide éthéro-acétique, d'une part, et un extrait insoluble dans l'éther acétique d'autre part. Cet extrait est séché dans le vide pour éliminer toute trace d'éther acétique et on le reprend par une quantité suffisante d'eau thymolée pour obtenir 100 cm³ de liquide sur lequel on fait agir successivement l'invertine et l'émulsine (essai B).

(1) Em. Bourquelot et M. Bridel. — De l'influence du mode de dessiccation sur la composition de la racine de Gentiane. Préparation de la gentiopicrine en partant de la racine sèche. (*Journ. de Pharm. et de Chim.* (7) I, p. 156, 1910).

(2) *Loc. cit.*

On évapore à sec l'éther acétique et on reprend l'extrait résiduel par une quantité suffisante d'eau thymolée pour faire 100 cm^3 ; on fait agir l'émulsine sur ce liquide qui ne doit renfermer que les principes glucosidiques (essai C).

L'essai B permet le dosage du gentianose : on a vu que dans l'hydrolyse du gentiobiose par l'émulsine, il y a formation de 1 gr.,489 de sucre réducteur pour 3 gr.,420 de gentiobiose, provenant de 5 gr.,04 de gentianose ; la quantité de sucre réducteur formé par l'émulsine servira donc à calculer la quantité de gentiobiose et de gentianose.

Pour cela, il suffira de multiplier cette quantité par le chiffre 2,296 pour avoir le gentiobiose hydrolysé et par le chiffre 3,384 pour avoir le gentianose existant originairement dans la racine essayée.

Après avoir calculé de la sorte le gentianose, on pourra calculer, par différence, le saccharose. En effet, on sait que 5 gr.,04 de gentianose produisent sous l'action de l'invertine, 3 gr.,911 de sucre réducteur. En multipliant le chiffre représentant le gentianose par 0,776, on aura la quantité de sucre réducteur que produit le gentianose par l'invertine. On retranchera, alors, le chiffre trouvé du chiffre représentant, dans l'essai, le sucre réducteur produit par l'invertine, et l'on aura le sucre réducteur provenant de l'hydrolyse du saccharose. En multipliant ce nouveau chiffre par 0,95, on aura le saccharose : on sait, en effet, que 3 gr.,60 de sucre réducteur représentent 3 gr.,42 de saccharose.

L'essai C permet le dosage de la gentiopicrine par un procédé analogue. Une molécule de gentiopicrine 356, fournit, après hydrolyse par l'émulsine, une molécule de glucose, 180. En multipliant la quantité de sucre réducteur produit par l'émulsine par 1,977, on obtient la quantité correspondante de gentiopicrine. De plus, il est toujours facile de vérifier si le sucre réducteur formé provient uniquement de la gentiopicrine : l'indice de réduction enzymolytique suffit pour cela ; on a toujours obtenu un chiffre très voisin, sinon égal à 111, indice de réduction de la gentiopicrine pure.

Le tableau 1 résume les résultats obtenus dans l'essai A : essai fait d'après la méthode biochimique ordinaire.

Tableau I. — Résultats généraux des essais biochimiques.

	24 mai	3 juin	23 juin	13 juillet	26 juillet	11 août	18 août	17 sept.	1er octobre	2 novembre
Déviation initiale	— 8°34'	— 8°40'	— 7°55'	— 5°55'	— 3°48'	— 1°26'	— 2°29'	— 2°24'	— 1°50'	— 1°36'
— après invertine	— 10°14'	— 10°	— 9°36'	— 10° 7'	— 11° 2'	— 11°	— 11°41'	— 12°36'	— 11°17'	—12°12'
— après émulsine	+ 1°16'	+ 1°17'	+ 1°55'	+ 1°12'	+ 48'	+ 53'	+ 19'	+ 5'	+ 29'	0
Sucre réducteur initial	2,246	1,328	1,088	0,816	0,711	0,684	0,778	0,619	0,746	0,595
— après invertine	4,260	2,541	2,760	4,069	6,262	7,561	7,492	7,659	6,996	7,867
— après émulsine	6,720	4,560	4,970	6,144	8,466	9,828	9,776	9,777	9,860	10,351
Par invertine :										
Recul	1°40'	1°20'	1°41'	4°12'	7°36'	9°34'	9°12'	10°12'	9°27'	10°36'
Sucre réducteur	2,014	1,213	1,672	3,253	5,551	6,877	6,714	7,040	6,250	7,272
Par émulsine :										
Retour	11°30'	11°17'	11°31'	11°19'	12°12'	11°53'	12°	12°41'	11°46'	12°12'
Sucre réducteur	2,460	2,019	2,210	2,075	2,204	2,267	2,284	2,118	2,364	2,484
Indice	213	178	200	183	180	190	190	170	200	202

On remarquera, en premier lieu, que la déviation initiale, fortement lévogyre pendant les mois de mai, juin et juillet diminue progressivement jusqu'en octobre. Au contraire, la déviation après action de l'invertine est toujours à peu près égale, variant seulement de - 9°36' à — 12°36'. L'explication de ces faits est facile : le recul produit sous l'action de l'invertine est de 1°30' en moyenne dans les trois premiers essais, tandis qu'il est de 10°5' en moyenne dans les trois derniers. Au mois de mai, la Gentiane commence à pousser : elle consomme ses réserves d'hydrates de carbone; au mois de juillet, la tige est suffisamment poussée, et la plante recommence à accumuler, dans ses racines, les hydrates de carbone qui lui serviront au printemps suivant. Les sucres ainsi mis en réserve sont ici du gentianose et du saccharose, corps dextrogyres, et c'est pourquoi l'on constate cette diminution progressive de la déviation initiale gauche, au fur et à mesure de l'accumulation des réserves.

Sous l'action de l'émulsine, le retour de la déviation est assez constant, puisque le chiffre le plus faible est 11°17'; et le chiffre le plus fort 12°41', la moyenne étant 11° 50'. Les indices de réduction sont au contraire assez différents, ce qui est dû à ce que l'émulsine hydrolyse en même temps le gentiobiose et la gentiopicrine. L'indice de réduction du gentiobiose étant 478 et celui de la gentiopicrine 111, on comprend qu'il suffise d'une faible variation dans la proportion de ces deux principes pour faire varier fortement l'indice de réduction que l'on observe dans les essais.

J'ai déjà eu l'occasion de faire remarquer la marche assez spéciale de l'hydrolyse par l'émulsine : très rapide au début pour traîner ensuite en longueur pendant parfois plus de soixante jours (voir page 30) ; il est donc inutile de revenir sur ce point.

L'essai A donne déjà des indications précieuses sur la composition de la racine de Gentiane, tout en ne permettant qu'un seul dosage, celui des hydrates de carbone réducteurs. La proportion en est assez faible et à peu près égale à partir du mois de juillet. Dans les mois de mai et de juin, alors que la plante utilise ses réserves, la quantité est bien supérieure, environ trois fois plus forte.

Tableau II. — Dosage des hydrates de carbone.

	24 mai	3 juin	23 juin	18 juillet	26 juillet	11 août	18 août	17 septembre	1er octobre	12 novembre
Déviation initiale..........	+ 1°19'	+ 31'	+ 1°31'	+ 3°12'	+ 5°31'	+ 6°50'	+ 6°48'	+ 6°36'	+ 6°48'	+ 7°19'
— après invertine..	— 1°50'	— 1°10'	— 1°	— 1°48'	— 3°12'	— 3°50'	— 3°38'	— 4°16'	— 3°43'	— 3°34'
— après émulsine..	+ 34'	+ 31'	+ 50'	+ 5'	— 14'	— 29'	— 38'	— 43'	— 1°17'	— 43'
Sucre réducteur initial....	1,731	0,968	0,859	0,603	0,568	0,517	0,601	0,446	0,571	0,440
— après invertine......	3,966	2,281	2,760	3,842	6,003	7,602	7,200	7,526	7,526	8,266
— après émulsine......	5,138	3,086	3,556	4,661	7,131	8,844	8,476	9,072	8,520	9,517
Par invertine :										
Recul....................	3°9'	1°41'	2°31'	5°	8°43'	10°40'	10°26'	10°52'	10°31'	10°53'
Sucre réducteur...........	2,235	1,213	1,905	3,239	5,435	7,085	6,619	7,080	6,955	7,826
Par émulsine :										
Retour....................	2°24'	1°41'	1°50'	1°53'	2°58'	3°21'	3°	3°33'	2°26'	2°51'
Sucre réducteur...........	1,167	0,905	0,816	0,819	1,128	1,242	1,276	1,546	0,994	1,251
Gentiobiose...............	2,679	2,077	1,873	1,880	2,589	2,851	2,929	3.569	2,282	2,872
Gentianose................	3,948	3,062	2,761	2,771	3,787	4,201	4,317	5,231	3,363	4,233
Saccharose................	?	?	?	1.034	2,372	3,634	3,106	2,869	4,128	4,314

Les tableaux II et III donnent les résultats des deux autres essais. Le tableau II correspond aux essais B, c'est-à-dire aux essais portant sur un extrait débarrassé des glucosides par épuisement à l'éther acétique et ne renfermant plus que les les hydrates de carbone. C'est cet essai qui permet le dosage du gentianose et du saccharose. Le tableau III correspond aux essais C, c'est-à-dire aux essais portant sur un extrait soluble dans l'éther acétique et ne renfermant que les principes glucosidiques. C'est cet essai qui permet le dosage de la gentiopicrine.

(Tableau II). On remarquera de suite l'augmentation progressive de la déviation initiale droite, augmentation corrélative d'une augmentation du recul de la déviation sous l'action de l'invertine.

On voit que c'est au début de juin que la racine de Gentiane renferme le moins d'hydrates de carbone hydrolysables par l'invertine ; à partir de cette époque, la proportion de ces principes augmente, puis ne varie plus du mois d'août à la fin de la végétation.

En comparant les résultats obtenus dans les deux essais A et B, on voit que le *recul par invertine* est toujours plus fort dans l'essai B. Je n'ai pu trouver l'explication de cette différence.

Pour le gentianose, on constate que, dans les mois de mai et de juin, la quantité calculée au moyen du sucre réducteur produit par l'émulsine, est plus forte que celle que l'on obtient en supposant que tout le sucre réducteur produit par l'invertine provient de gentianose. On trouve, en effet, dans le premier essai, 3 gr.,948 de gentianose, alors que, par l'invertine, il ne s'est formé que 2 gr.,235 de sucre réducteur, quantité provenant de 2 gr.,878 de gentianose. Il en est de même dans les essais du 3 et du 23 juin, pour lesquels on calcule 3 gr.,062 et 2 gr.,701 de gentianose, alors que, d'après l'action de l'invertine, il ne peut y en avoir que 1 gr.,562 et 2 gr.,453. Il est donc probable que, pendant les mois de mai et de juin, époque à laquelle la Gentiane utilise ses hydrates de carbone, elle renferme une certaine proportion de gentiobiose libre.

Quant au saccharose, on ne peut pas dire si la racine de Gentiane en renferme pendant les mois de mai et de juin, étant donnés les résultats que l'on obtient en calculant la quantité de gentianose.

A partir du mois de juillet, la proportion de saccharose augmente progressivement jusqu'au mois de novembre ; il y a une faible diminution en août et en septembre, diminution qui correspond à une augmentation de gentianose. La proportion de saccharose subit donc de grandes variations, puisqu'il en existe plus de 4 pour 100 au mois de novembre, tandis que, au mois de juillet, il y en a 1 pour 100, et. sans doute, moins encore durant les mois de mai et de juin.

Sous l'influence de l'émulsine, on a remarqué que la marche de l'hydrolyse était plus rapide dans les essais B que dans les essais A correspondants. C'est ainsi que l'hydrolyse a duré, dans l'essai B du 24 mai, 18 jours seulement au lieu de 47 jours dans l'essai A de la même date.

Il est possible qu'après l'hydrolyse de la gentiopicrine, la gentiogénine formée ait une action retardatrice assez marquée sur les hydrolyses produites ultérieurement par l'émulsine. Cette hypothèse expliquerait pourquoi le même ferment a besoin d'un laps de temps double pour hydrolyser la même proportion de gentiobiose, suivant la présence ou l'absence de gentiogénine dans les liquides où se produit la réaction.

Le tableau III montre que le glucoside que l'on hydrolyse dans les essais est uniquement de la gentiopicrine, si l'on s'en rapporte aux indices que l'on obtient, dont le plus éloigné diffère à peine de l'indice théorique : 113 au lieu de 111. La gentiopicrine existe en proportions notables pendant toute la végétation, et les différences que l'on observe sont tout à fait minimes, la plus faible proportion étant de 1 gr.,959, la plus forte de 2 gr.,376 et la moyenne de 2 gr.,140. On peut dire, cependant, que la gentiopicrine existe en proportions plus fortes pendant les mois de juin et de juillet.

En résumé, la composition de la racine de Gentiane subit pendant une végétation annuelle des variations assez fortes, surtout si on envisage les hydrates de carbone réducteurs et les hydrates de carbone hydrolysables par l'invertine.

Pour ce qui est de la gentiopicrine, en effet, les variations

Tableau III. — Dosage de la gentiopicrine.

	24 mai	3 juin	23 juin	13 juillet	26 juillet	11 août	18 août	17 septembre	1er octobre	2 novembre
Déviation initiale..........	— 8°14'	— 8°45'	— 9°52'	— 9°10'	— 9°24'	— 8°24'	— 9°5'	— 8°24'	— 8°36'	— 8°43'
Déviation après émulsine..	+ 38'	+ 36'	+ 53'	+ 55'	+ 53'	+ 46'	+ 55'	+ 53'	+ 1°4'	+ 48'
Sucre réducteur initial.....	0,283	0,327	0,292	0,214	0,168	0,139	0,167	0,274	0,180	0,188
— après émulsine	1,274	1,374	1,494	1,365	1,312	1,165	1,292	1,295	1,248	1,242
Par émulsine :										
Retour.....................	8°52'	9°21'	10°45'	10°5'	10°17'	9°10'	10°	9°17'	9°40'	9°31'
Sucre réducteur...........	0,991	1,047	1,202	1,151	1,144	1,026	1,125	1,021	1,068	1,054
Gentiopicrine.............	1,959	2,069	2,376	2,275	2,261	2,028	2,224	2,018	2,111	2,083
Indice.....................	111	111	111	113	111	111	112	110	110	110

sont beaucoup moindres, et la racine de Gentiane, à quelque époque de la végétation qu'on la prenne, renferme toujours une proportion de gentiopicrine voisine de 2 pour 100.

La proportion pour 100 des sucres réducteurs varie de 2 gr.,246 à 0 gr.,595, la plus forte quantité se trouvant à la reprise de la végétation, alors que la plante utilise ses matériaux de réserve, formés d'hydrates de carbone plus ou moins condensés.

La proportion pour 100 des hydrates de carbone hydrolysables par l'invertine varie de 1 gr.,213 au début de la végétation à 7 gr..826 à la fin de la végétation.

Le gentianose existe toujours dans une proportion de 3 à 5 pour 100, sauf pendant les mois de mai et de juin, pendant lesquels il est probable que la racine de Gentiane renferme du gentiobiose libre. C'est pendant les mois d'août et de septembre qu'il y a le plus de gentianose, et c'est justement à cette époque que MM. Em. Bourquelot et Nardin ont traité la racine de Gentiane pour avoir ce sucre.

C'est, en somme, le saccharose qui subit les plus grandes variations : il s'accumule dans la racine à la fin de la végétation et disparaît, ainsi d'ailleurs que la plus grande partie du gentianose, au début du printemps, à la reprise de la végétation.

CHAPITRE II.

Variations dans la composition du Trèfle d'eau (plante entière) au cours de la végétation d'une année.

J'ai cherché, dans ce chapitre, à étudier surtout les variations que peut subir la méliatine, dans la plante entière, au cours de la végétation d'une année.

On a vu que la composition du Trèfle d'eau était moins bien connue que celle de la racine de Gentiane. On ignore encore, par exemple, quel hydrate de carbone hydrolysable par l'invertine, il peut renfermer. J'ai fait de nombreux essais en vue de l'extraction de ce principe, et, malgré tous mes efforts, je n'ai pu obtenir, jusqu'ici, le sucre du Ményanthe à l'état cristallisé.

En outre de cela, il n'était pas possible, comme pour la gentiopicrine, d'opérer le dosage de la méliatine dans un extrait débarrassé des hydrates de carbone, l'éther acétique étant un mauvais dissolvant de ce glucoside, et les autres liquides utilisés à son extraction, alcool ou acétone, entraînant en même temps une certaine proportion d'hydrates de carbone.

En conséquence, j'ai appliqué au Trèfle d'eau la méthode biochimique telle que je l'ai décrite dans le premier chapitre de ce travail et j'ai interprété les résultats qu'elle m'a fournis de la façon suivante :

Par l'invertine, on a dosé les proportions d'hydrates de carbone hydrolysables par ce ferment en se basant sur la quantité de sucre réducteur formé, calculé en glucose, et sans préjuger en rien de leur nature.

Par l'émulsine, on a fait le dosage de la méliatine en interprétant les résultats d'une façon légèrement différente de celle qu'on avait employée pour le dosage de la gentiopicrine dans la racine de Gentiane.

En effet, dans tous les essais, les indices ont sensiblement dépassé l'indice théorique de la méliatine, et si on s'était appuyé, pour calculer la proportion de ce glucoside, sur le chiffre indiquant la quantité de sucre réducteur formé par l'émulsine, comme on l'a fait pour la gentiopicrine, on aurait trouvé des valeurs trop élevées et qui, dans certains cas, auraient dépassé de près d'un quart la valeur réelle.

Pour obvier à cet inconvénient, on a calculé la quantité de méliatine en s'appuyant sur le retour de la déviation produit par l'émulsine.

On sait qu'une molécule de méliatine, 346, fournit, par hydrolyse sous l'action de l'émulsine, une molécule de glucose, 180. On sait également que l'indice de réduction théorique de la méliatine est 238 (1). En multipliant ce chiffre par le rapport $\frac{346}{180}$ ou 1,922, on obtient la quantité de méliatine hydrolysée pour un retour de la déviation vers la droite de 1°, soit 0 gr ,4574 ; autrement dit, un retour vers la droite de 1 minute correspondra à la présence dans le liquide essayé, de 0 gr.,00762 de méliatine.

La préparation des extraits sur lesquels les essais ont été faits est absolument la même que celle des liquides employés dans l'essai A de la racine de Gentiane (page 114).

Les plantes m'ont été expédiées de Blois et ont toujours été traitées par l'alcool bouillant vingt-quatre heures après leur récolte.

Les résultats des sept essais biochimiques que l'on a effectués sont rassemblés dans le tableau suivant. Rappelons qu'ils ont été faits sur des extraits liquides, aqueux, dont 100 cm³ correspondaient à 100 grammes de plantes entières fraîches.

(1) Rappelons que l'on appelle *indice de réduction enzymolytique* d'un glucoside le nombre de milligrammes de sucre réducteur formé, dans 100 cm³ de liquide, pour un retour de la déviation vers la droite de 1°, retour observé au tube de 2 décimètres.

Composition du Trèfle d'eau (plante entière).

	11 mai	26 mai	14 juin	1er juillet	6 août	7 septembre	1er octobre
Déviation initiale (l=2)	— 1°36'	— 2° 5'	— 2° 2'	— 1°12'	— 53'	— 50'	— 43'
Déviation après invertine	— 3°40'	— 3°36'	— 3°31'	— 3°55'	— 4°	— 4°14'	— 4°24'
— après émulsine	— 2°	— 1°41'	— 1°55'	— 2°24'	— 2°32'	— 2°44'	— 2°58'
Sucre réducteur initial	0,652	0,658	0,628	0,637	0,240	0,342	0,363
— réducteur après invertine	1,862	1,718	1,578	2,594	2,448	2,824	3,124
— réducteur après émulsine	2,300	2,236	2,064	3,019	2,869	3,235	3,556
Par invertine :							
Recul	2°4'	1°31'	1°29'	2°43'	3°7'	3°24'	3°41'
Sucre réducteur	1,210	1,060	0,950	1,957	2,208	2,482	2,761
Indice	585	699	640	720	713	730	749
Par émulsine :							
Retour	1°40'	1°57'	1°36'	1°31'	1°28'	1°30'	1°26'
Sucre réducteur	0,438	0,518	0,486	0,425	0,421	0,411	0,432
Indice	262	265	303	280	287	274	301
Méliatine	0,762	0,891	0,731	0,693	0,670	0,685	0,655

En examinant ce tableau, on voit que la proportion de sucre réducteur initial est assez faible et à peu près la même pendant les mois de mai, juin et juillet, en moyenne 0 gr.,644. Cette proportion diminue de moitié environ dans les essais effectués en août, septembre et octobre : la moyenne est de 0 gr.,315. Les variations que subissent les sucres réducteurs sont donc faibles, et, comme dans la racine de Gentiane, les quantités les plus fortes se rencontrent au début de la végétation, alors que la plante utilise ses réserves pour opérer sa croissance.

La rotation initiale gauche de tous les essais n'est pas très élevée si on la compare à celle des essais de Gentiane, et, comme dans ces derniers, on constate que cette rotation gauche diminue progressivement depuis la fin du mois de mai jusqu'en octobre.

La cause de cette diminution est la même dans les deux cas, c'est l'augmentation progressive de la proportion d'hydrates de carbone dextrogyres, dont la déviation droite arrive finalement à compenser presque exactement la déviation gauche produite par les principes glucosidiques. En effet, pendant les mois de mai et de juin, la moyenne du recul produit par l'invertine est de 1° 41', et elle s'élève pendant les mois d'août, septembre et octobre à 3° 24', soit sensiblement le double : 101' et 204'.

L'indice que l'on obtient, sous l'action de l'invertine, n'est pas constant ; il est plus faible quand le recul est le plus faible: en mai et juin, il est en moyenne de 641, et de juillet à octobre de 728.

Le Ményanthe est une plante à végétation assez rapide : les fleurs apparaissent au commencement du mois de mai, alors que les feuilles ne sont pas développées, et les fruits arrivent à maturité dans le courant du mois de juin. Dès le mois de juillet, le rameau floral, desséché, a disparu. A partir de cette époque, le Trèfle d'eau recommence à faire des réserves pour le printemps suivant, ce dont on s'aperçoit par l'augmentation de la proportion d'hydrates de carbone qu'il renferme. L'indice s'élève également à cette époque, et l'on doit penser qu'à partir de ce moment, le Ményanthe élabore un hydrate de carbone encore inconnu qui fournit un indice élevé sous l'action de l'invertine. Ce sucre serait consommé le premier par la plante à la reprise de la végétation.

Les proportions d'hydrate de carbone que le Ményanthe renferme varient de 0 gr ,950 au mois de juin à 2 gr.,761 au mois d'octobre, soit environ du simple au triple.

Sous l'action de l'émulsine, le retour de la déviation vers la droite est assez constant, le chiffre le plus fort étant de 1° 57', le plus faible de 1° 26' et la moyenne de 1° 35'. Remarquons qu'avec la racine de Gentiane, on a obtenu des chiffres beaucoup plus élevés, variant de 11° 17' à 12° 41'

Les indices sont tous plus élevés que l'indice théorique de la méliatine, qui est de 238. Le chiffre qui s'en rapproche le plus est 262 et celui qui s'en éloigne le plus 303. C'est dans les deux premiers essais, au mois de mai, que le retour est le plus élevé, 1° 40' et 1° 57' et que les indices sont les meilleurs, 262 et 265 ; à partir de cette époque, les indices oscillent entre 303 et 274.

La proportion la plus forte de méliatine se trouve à la fin du mois de mai, où elle atteint 0 gr.,891 pour 100, et la plus faible au mois d'octobre, où elle atteint 0 gr.,655. La moyenne des sept essais est de 0 gr.,727. On peut dire que le Trèfle d'eau renferme le plus de glucoside au moment de la floraison, c'est-à-dire à la reprise de la végétation.

En résumé, la composition du Ményanthe subit au cours de la végétation d'une année des modifications importantes, mais qui sont cependant moindres que celles que l'on a constatées avec la racine de Gentiane.

Comme pour cette dernière, ce sont les hydrates de carbone, hydrolysables par l'invertine qui subissent le plus de variations, puisque leurs proportions varient de 0 gr.,950 au début de la végétation à 2 gr.,761 à la fin, au mois d'octobre.

Le Trèfle d'eau renferme, pendant toute l'année, moins de 1 gramme pour 100 de méliatine, et c'est au mois de mai qu'il en renferme le plus, près de 0 gr ,9 pour 100, à l'inverse des hydrates de carbone, qui, on vient de voir, existent en plus fortes proportions à la fin de la végétation.

CONCLUSIONS

On peut résumer de la façon suivante les résultats des recherches qui viennent d'être exposées :

1° La gentiopicrine, glucoside de la racine de Gentiane jaune, (*Gentiana lutea* L.) découvert par KROMAYER en 1862, qui n'avait été retirée jusqu'ici que de cette racine, a été retrouvée dans les racines et dans les tiges foliées d'un certain nombre d'autres espèces du genre *Gentiana*.

C'est ainsi que je l'ai extraite à l'état cristallisé des racines des *Gentiana asclepiadea* L., *cruciata* L., *Pneumonanthe* L. et *punctata* L. En outre, l'essai biochimique m'a permis d'en reconnaître la présence dans les racines du *Gentiana germanica* Willd.

J'ai retiré également la gentiopicrine des tiges foliées des *Gentiana lutea* L. *asclepiadea* L., *cruciata* L., *Pneumonanthe* L.

Je dois faire remarquer que la proportion de gentiopicrine n'est pas toujours la même ; elle présente d'une tige foliée à l'autre, par exemple, des variations considérables, même lorsque la récolte de ces organes a eu lieu à la même période de végétation, pendant la floraison le plus souvent. Avec les tiges foliées des *Gentiana lutea* L. et *asclepiadea* L., on en obtient facilement de 3 à 4 grammes par kilogramme d'organes frais, tandis que l'extraction en est très pénible et le rendement insignifiant avec les tiges foliées des *Gentiana cruciata* L. et *Pneumonanthe* L.

Je n'ai pu déceler la présence de la gentiopicrine dans quatre espèces du même genre : *Gentiana acaulis* L., *nivalis* L., *campestris* L., *tenella* Rottbel, qui renferment un autre glucoside hydrolysable par l'émulsine, glucoside que je n'ai pas encore déterminé. Mais ce sont là de très petites espèces dont l'aspect général diffère notablement de celui des espèces dans lesquelles la gentiopicrine a été rencontrée.

Par contre, on a pu retirer de la gentiopicrine à l'état cristallisé de deux plantes n'appartenant pas au genre *Gentiana* ; ces plantes sont le *Chlora perfoliata* L. et le *Swertia perennis* L., et c'est là un fait très intéressant à noter au point de vue des ressemblances chimiques qui peuvent exister entre la composition d'espèces d'une même famille, appartenant à des genres différents.

Dans la Chlore perfoliée, la gentiopicrine se trouve en bien plus forte proportion dans les tiges foliées que dans les racines, tandis que c'est le contraire qui existe pour les Gentianes, ce qui pourrait peut-être s'expliquer par le fait que la Chlore perfoliée est une plante annuelle et que les autres plantes sont vivaces.

2° Le gentianose qui, de même que la gentiopicrine, n'avait été trouvé que dans la racine de Gentiane jaune, paraît être aussi répandu que ce glucoside, du moins en ce qui concerne les organes souterrains. Je l'ai obtenu à l'état pur et cristallisé des racines de *Gentiana asclepiadea* L., *punctata* L. et *cruciata* L., et il est probable que si on pouvait se procurer une quantité suffisante des racines des autres Gentianes, on en retirerait également du gentianose. A côté du gentianose, j'ai trouvé, dans les deux premières racines dont il vient d'être question, du saccharose, ce qu'on avait déjà constaté pour les racines de *Gentiana lutea* L.

3° Au cours de mes recherches sur la Gentiane acaule, j'ai obtenu, à l'état cristallisé, un nouveau glucoside, la *gentiacauline*, qui existe, dans cette plante, dans la proportion de 15 pour 1.000 environ.

La gentiacauline est un produit cristallisé en aiguilles jaunes ; elle est lévogyre. Elle n'est pas hydrolysée par l'émulsine ; elle est hydrolysée facilement lorsqu'on la chauffe avec l'acide sulfurique à 2 pour 100; la réaction se produit dès qu'on atteint la température de + 90° : il se précipite un produit cristallisé en aiguilles, insoluble dans l'eau, la *gentiacauléine*, et il se forme un sucre réducteur que l'on a préparé à l'état cristallisé et que l'on peut considérer comme du xylose.

C'est le second glucoside renfermant du xylose que l'on rencontre dans les Gentianées. Le premier est la gentiine, glucoside insoluble dans l'eau, découvert par M. G. Tanret dans la racine de Gentiane jaune.

Je n'ai retrouvé, jusqu'ici, la gentiacauline dans aucune autre Gentianée.

4° J'ai décelé la présence, dans le Trèfle d'eau, d'un glucoside hydrolysable par l'émulsine. Ce glucoside qui diffère de celui de Kromayer, lequel n'est pas hydrolysable par l'émulsine, existe en plus forte proportion dans les rhizômes que dans les feuilles.

J'ai isolé ce glucoside à l'état pur et cristallisé et je l'ai nommé *méliatine*.

La méliatine est lévogyre, et fournit, par hydrolyse avec l'émulsine, du glucose-d, ce qui vérifie encore une fois la règle formulée par M. Em. Bourquelot, à savoir que tous les glucosides hydrolysables par l'émulsine sont lévogyres et dérivent du glucose-d. Les autres produits de dédoublement de la méliatine sont encore peu étudiés : j'ai obtenu, d'une part, un corps amorphe, réducteur, et lévogyre et, d'autre part, un autre produit encore indéterminé possédant la propriété de se colorer en bleu, en solution aqueuse, sous l'action de l'air.

La composition du Trèfle d'eau, dans lequel on n'a pas pu d'ailleurs déceler la présence du gentianose, est donc tout à fait différente de celle des autres Gentianées que nous avons étudiées.

Rappelons qu'un troisième glucoside hydrolysable par l'émulsine, l'érytaurine, a été découvert par MM. H. Hérissey et L. Bourdier dans une autre plante de la même famille, la Petite Centaurée (*Erythrœa Centaurium* Pers.).

5° La méthode biochimique de M. Em. Bourquelot m'a permis encore de reconnaître que la seconde Gentianée aquatique, le *Limnanthemum Nymphoides* Hoffms. et Link, ne possédait, en aucune manière, la même composition que le Trèfle d'eau, comme l'ont prétendu, à tort, certains auteurs. C'est la seule Gentianée dans laquelle je n'ai pas trouvé de glucoside hydrolysable par l'émulsine. Je n'y ai décelé que de faibles quantités de saccharose, sucre que j'ai pu isoler à l'état cristallisé et que l'on trouve d'ailleurs dans toutes les plantes phanérogames.

6° Je me suis encore servi de la méthode biochimique pour étudier les variations que subissent au cours de la végétation d'une année, d'une part la racine de Gentiane jaune, et, d'autre part, le Trèfle d'eau, plante entière.

J'ai fait, avec ces deux plantes, un certain nombre d'essais, dix avec la Gentiane, et sept avec le Trèfle d'eau, échelonnés depuis le mois de mai jusqu'au mois d'octobre et de novembre.

De ces essais successifs, il ressort nettement que ce sont les hydrates de carbone qui constituent les matériaux de réserves que ces plantes utilisent le plus facilement à la reprise de la végétation et jusqu'à la maturité des fruits. A cette saison, les hydrates de carbone s'accumulent de nouveau dans les organes souterrains, racines ou rhizômes.

Les glucosides, gentiopicrine et méliatine, existent pendant toute l'année dans des proportions pour ainsi dire invariables, 2 pour 100 pour la gentiopicrine et 0,70 pour 100 pour la méliatine. On ne peut donc pas les considérer comme des principes de réserve au même titre que les hydrates de carbone, et mes expériences sur ce sujet ne permettent guère de voir quelle peut bien être leur utilité pour la plante qui les élabore.

TABLE DES MATIÈRES.

QUATRIÈME PARTIE.

Imprimerie et Lithographie L. DECLUME, Lons-le-Saunier.

www.ingramcontent.com/pod-product-compliance
Ingram Content Group UK Ltd.
Pitfield, Milton Keynes, MK11 3LW, UK
UKHW022110190726
13855UKWH00002B/765

9 782013 259439